Ensino de Geografia

Dados Internacionais de Catalogação na Publicação (CIP)
(Câmara Brasileira do Livro, SP, Brasil)

Castellar, Sônia
　Ensino de geografia / Sônia Castellar, Jerusa Vilhena.
– São Paulo : Cengage Learning, 2022. – (Coleção ideias
em ação / coordenadora Anna Maria Pessoa de Carvalho)

　6ª reimpr. da 1ª ed. de 2010
　Bibliografia.
　ISBN 978-85-221-0670-7

　1. Geografia – Estudo e ensino I. Vilhena, Jerusa.
II. Carvalho, Anna Maria Pessoa de. III. Título. IV. Série.

09-01075　　　　　　　　　　　　　　　　　　　CDD-910.7

Índice para catálogo sistemático:

1. Geografia : Estudo e ensino 910.7

Coleção Ideias em Ação

Ensino de Geografia

Sônia Castellar
Jerusa Vilhena

Coordenadora da Coleção
Anna Maria Pessoa de Carvalho

CENGAGE

Austrália • Brasil • México • Cingapura • Reino Unido • Estados Unidos

CENGAGE

Coleção Ideias em Ação
Ensino de Geografia
Sônia Castellar
Jerusa Vilhena

Gerente Editorial: Patricia La Rosa

Editora de Desenvolvimento: Danielle Sales

Supervisora de Produção Editorial: Fabiana Alencar Albuquerque

Produção Editorial: Gisele Gonçalves Bueno Quirino de Souza

Copidesque: Norma Gusukuma

Revisão: Cristiane Mayumi Morinaga, Maria Dolores D. Sierra Mata

Diagramação: Join Bureau

Capa: Eduardo Bertolini

© 2010 Cengage Learning Edições Ltda.

Todos os direitos reservados. Nenhuma parte deste livro poderá ser reproduzida, sejam quais forem os meios empregados, sem a permissão, por escrito, da Editora. Aos infratores aplicam-se as sanções previstas nos artigos 102, 104, 106 e 107 da Lei nº 9.610, de 19 de fevereiro de 1998.

Esta editora empenhou-se em contatar os responsáveis pelos direitos autorais de todas as imagens e de outros materiais utilizados neste livro. Se porventura for constatada a omissão involuntária na identificação de algum deles, dispomo-nos a efetuar, futuramente, os possíveis acertos.

Para informações sobre nossos produtos, entre em contato pelo telefone **0800 11 19 39**

Para permissão de uso de material desta obra, envie seu pedido para direitosautorais@cengage.com

© 2010 Cengage Learning. Todos os direitos reservados.

ISBN-13: 978-85-221-0670-7
ISBN-10: 85-221-0670-3

Cengage Learning
Condomínio E-Business Park
Rua Werner Siemens, 111 – Prédio 20 – Espaço 3
Lapa de Baixo – CEP 05069-900 – São Paulo – SP
Tel.: (11) 3665-9900 – Fax: (11) 3665-9901
Sac: 0800 11 19 39

Para suas soluções de curso e aprendizado, visite www.cengage.com.br

Impresso no Brasil.
Printed in Brazil.
6. reimpr. – 2022

Apresentação

A Coleção Ideias em Ação nasceu da iniciativa conjunta de professores do Departamento de Metodologia do Ensino da Faculdade de Educação da Universidade de São Paulo, que, por vários anos, vêm trabalhando em projetos de Formação Continuada de Professores geridos pela Fundação de Apoio à Faculdade de Educação (Fafe).

Em uma primeira sistematização de nosso trabalho, que apresentamos no livro *Formação continuada de professores: uma releitura das áreas de conteúdo*, publicado por esta mesma editora, propusemos o problema da elaboração e da participação dos professores nos conteúdos específicos das disciplinas escolares – principalmente aquelas pertencentes ao currículo da Escola Fundamental – e na construção do Projeto Político-Pedagógico das escolas. Procuramos, em cada capítulo, abordar as diferentes visões disciplinares na transposição dos temas discutidos na coletividade escolar para as ações dos professores em sala de aula.

Nossa interação com os leitores deste livro mostrou que precisávamos ir além, ou seja, apresentar com maior precisão e com mais detalhes o trabalho desenvolvido pelo nosso grupo na formação continuada de professores das redes oficiais – municipal e estadual – de ensino. Desse modo, cada capítulo daquele primeiro livro deu origem a um novo livro da coleção que ora apresentamos. A semente plantada germinou, dando origem a muitos frutos.

Os livros desta coleção são dirigidos, em especial, aos professores que estão em sala de aula, desenvolvendo trabalhos com seus alunos e influenciando as novas gerações. Por conseguinte, tais obras também têm como leitores os futuros professores e aqueles que planejam cursos de Formação Continuada para Professores.

Cada um dos livros traz o "que", "como" e "por que" abordar variados tópicos dos conteúdos específicos, discutindo as novas linguagens a eles associadas e propondo atividades de formação que levem o professor a refletir sobre o processo de ensino e de aprendizagem.

Nestes últimos anos, quando a educação passou a ser considerada uma área essencial na formação dos cidadãos para o desenvolvimento econômico e social do país, a tarefa de ensinar cada um dos conteúdos específicos sofreu muitas reformulações, o que gerou novos direcionamentos para as propostas metodológicas a serem desenvolvidas em salas de aula.

Na escola contemporânea a interação professor/aluno mudou não somente na forma, como também no conteúdo. Duas são as principais influências na modificação do cotidiano das salas de aula: a compreensão do papel desempenhado pelas diferentes linguagens presentes no diálogo entre professor e alunos na construção de cada um dos conteúdos específicos e a introdução das TICs – Tecnologias de Informação e Comunicação – no desenvolvimento curricular.

Esses e muitos outros temas são discutidos, dos pontos de vista teórico e prático, pelos autores em seus respectivos livros.

Anna Maria Pessoa de Carvalho

Professora Titular da Faculdade de Educação da Universidade de São Paulo e Diretora Executiva da Fundação de Apoio à Faculdade de Educação (Fafe)

Sumário

Introdução IX

Capítulo 1
Um breve referencial teórico e a educação geográfica 1

Capítulo 2
A linguagem e a representação cartográfica 23

Capítulo 3
Jogos, brincadeiras e resolução de problemas 43

Capítulo 4
O uso de diferentes linguagens em sala de aula 65

Capítulo 5
O significado da construção dos conceitos 99

Capítulo 6
Trabalhando com um projeto educativo sobre a cidade 119

Capítulo 7
O uso do livro didático 137

Capítulo 8
Um pequeno comentário sobre a avaliação da aprendizagem ... 145

INTRODUÇÃO

É nosso desafio estruturar um livro de metodologia do ensino que se caracterize pela tônica de mudança nos posicionamentos em relação às atuais concepções teórico-metodológicas da ciência geográfica e aquelas relativas à aprendizagem. Nesse sentido, este livro tem como um dos objetivos propor situações de aprendizagem que superem o senso comum que ainda perdura no ensino de geografia. Propomos, então, construir ideias em outra perspectiva, o que significa ressaltar um processo de aprendizagem que seja construído com base no conhecimento prévio, nos conceitos científicos e na realidade, proporcionando um novo olhar sobre a geografia escolar; essas concepções serão as nossas referências.

Não temos dúvida de que o caminho é desenvolver um texto na perspectiva que reafirme o papel do professor como mediador, à medida que o consideramos consciente dos seus saberes e ações. Nessa direção, os capítulos apresentarão temas que auxiliarão uma atuação docente mais motivadora em sala de aula, com atividades que problematizem e estimulem o raciocínio, para que o aluno possa, a partir de seu conhecimento prévio, criar e resolver problemas, argumentar e relacionar informações.

A aprendizagem escolar remete-nos ao professor e ao aluno e à relação entre quem ensina e o que se ensina. Portanto, na prática educativa interessa-nos a ação docente, ou seja, a didática e a forma como o aluno se apropria do conhecimento. Assim, a dinâmica da sala de aula deve levar em conta, com certa margem de manobra, o nível cognitivo e a faixa etária dos alunos. As ações desenvolvidas devem ser flexíveis para não se criar um obstáculo à finalidade do ensino e da aprendizagem.

Entender que a *metodologia do ensino* está associada a um método cujo mote é o *como se ensina* é importante porque significa rever, frequentemente, *como* a criança aprende. Nesse caso, *a didática da educação geográfica* é fundamental para que se leve em conta o processo de aprendizagem do aluno, o que é muito diferente da memorização de fatos e informações, dos resultados pelos resultados, dando ênfase a conteúdos sem significados.

Propomos que a organização privilegie o diálogo entre a teoria e a prática, entre as concepções teóricas e as análises rotineiras da ação docente.

Portanto, queremos instigar os professores e futuros professores a pensar sobre sua prática, pois entendemos que eles são sujeitos que atuam diretamente no processo de construção do conhecimento do aluno, mediando o conteúdo a ser ensinado e definindo a concepção de aprendizagem que será articulada com a didática, para torná-la mais significativa.

CAPÍTULO 1
Um breve referencial teórico e a educação geográfica

De tempos em tempos, temos afirmado que há um vácuo entre as mudanças que ocorreram na geografia acadêmica e na escolar. Podemos dizer que o mesmo ocorre entre a maneira como os alunos se relacionam com o conhecimento e o que acontece em sala de aula e, assim, estamos, mais uma vez, diante da contradição entre a geografia das universidades e a das escolas básicas.

A realidade brasileira nos revela que o discurso adotado em sala de aula pelo professor ainda está fundamentado, na maioria das vezes, nos manuais didáticos e em discursos apreendidos da mídia. Nessa perspectiva, a memorização passa a ser o objetivo das aulas, a partir das informações obtidas por meio de jornais, programas de TV e internet.

Na organização curricular, existe uma escolha por parte do docente. Ao mesmo tempo, o aluno chega à sala de aula sem saber o que irá aprender, iniciando-se aí uma contradição na relação professor–aluno.

Outra contradição frequentemente encontrada e que podemos indicar é a escolha dos conteúdos, que deveria estar relacionada com uma concepção geográfica para que se possam fundamentar a seleção dos objetivos e a maneira como será ensinada. No entanto, quando as escolhas são feitas, acabam-se negando determinados conteúdos, por não se ter clareza quanto ao modo como trabalhar ou mesmo em relação às concepções conceituais que precisam ser exploradas.

Em diversos cursos de formação de professores, constatamos a veracidade dessa informação, ao verificar que muitos conteúdos e conceitos ligados às áreas de cartografia e à geografia da natureza são muitas vezes deixados de lado.

Diante de fatos e ilações, perguntamos: qual o papel do ensino de geografia nas séries do fundamental I e II e do médio? Se for para contribuir para a formação do aluno e ajudá-lo a entender o mundo em que vive, estabelecer relações entre a sociedade e o meio físico, não é o caso de nos perguntarmos quais são os princípios que norteiam a organização curricular da geografia escolar?

Não podemos duvidar que, para responder a essas perguntas, é importante definir os objetos de aprendizagem em função da interpretação que se fará do fenômeno geográfico que será estudado. Portanto, a necessidade de se pensar sobre o que pretendemos ensinar passa por explicar *o como, o que e para quê* estamos ensinando.

Ao responder essas questões, estamos também levando em conta o que entendemos por saber escolar, partindo da análise da realidade e considerando que queremos que nossos alunos ocupem um lugar na vida democrática, saibam fazer escolhas e compreendam o lugar em que vivem.

A obra de Merénne-Schoumaker (1999, p. 159) introduz um esquema, apresentado no Quadro 1, que pode nos ajudar não só a organizar uma aula específica de determinada disciplina, mas até elaborar um planejamento que relacione conteúdos e conceitos de diferentes disciplinas.

O saber escolar encontrar-se então, em um contexto de conhecimento e no âmbito das relações sociais. Para González (1999, p. 93),

> En este contexto de relaciones sociales y de maneiras de entender el conocimiento, es donde se debe definir el papel de la geografia enseñada. Se trata de delimitar los princípios de educación geográfica en relación a anteriores premisas. Para ello és necesario realizar un estúdio de los valores formativos de la disciplina, no

CAPÍTULO 1   Um Breve Referencial Teórico e a Educação Geográfica

Quadro 1   *Esquema geral de organização de uma sequência pedagógica*

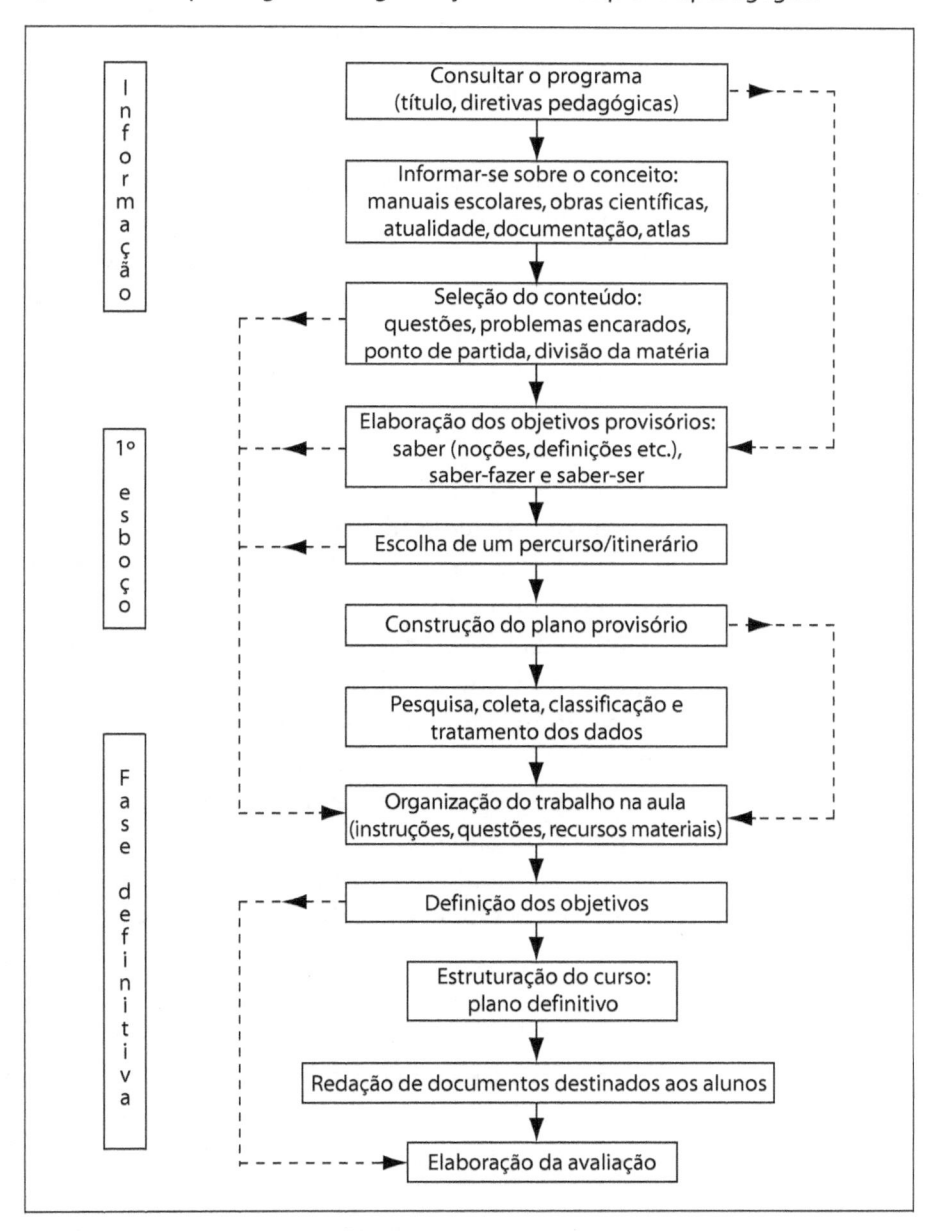

```
┌─────────────────────────────────────────────────────────────────────┐
│                                                                     │
│   I       ┌─────────────────────────────────────┐                   │
│   n       │        Consultar o programa         │ ─ ─ ─ ─ ┐         │
│   f       │    (título, diretivas pedagógicas)  │         │         │
│   o       └─────────────────┬───────────────────┘         │         │
│   r                         ▼                             │         │
│   m       ┌─────────────────────────────────────┐         │         │
│   a       │     Informar-se sobre o conceito:   │         │         │
│   ç       │   manuais escolares, obras científicas, │     │         │
│   ã       │    atualidade, documentação, atlas  │         │         │
│   o       └─────────────────┬───────────────────┘         │         │
│                             ▼                             │         │
│           ┌─────────────────────────────────────┐         │         │
│       ◄── │         Seleção do conteúdo:        │         │         │
│           │   questões, problemas encarados,    │         │         │
│           │   ponto de partida, divisão da matéria │      │         │
│           └─────────────────┬───────────────────┘         │         │
│                             ▼                             │         │
│           ┌─────────────────────────────────────┐         │         │
│   1º  ◄── │ Elaboração dos objetivos provisórios: │  ◄ ─ ─┘         │
│           │    saber (noções, definições etc.), │                   │
│   e       │       saber-fazer e saber-ser       │                   │
│   s       └─────────────────┬───────────────────┘                   │
│   b                         ▼                                       │
│   o       ┌─────────────────────────────────────┐                   │
│   ç   ◄── │     Escolha de um percurso/itinerário │                 │
│   o       └─────────────────┬───────────────────┘                   │
│                             ▼                                       │
│           ┌─────────────────────────────────────┐                   │
│           │    Construção do plano provisório   │ ─ ─ ─ ─ ┐         │
│           └─────────────────┬───────────────────┘         │         │
│                             ▼                             │         │
│           ┌─────────────────────────────────────┐         │         │
│           │ Pesquisa, coleta, classificação e   │         │         │
│           │        tratamento dos dados         │         │         │
│           └─────────────────┬───────────────────┘         │         │
│   F                         ▼                             │         │
│   a       ┌─────────────────────────────────────┐         │         │
│   s   ◄── │     Organização do trabalho na aula │  ◄ ─ ─ ─┘         │
│   e       │ (instruções, questões, recursos materiais) │            │
│           └─────────────────┬───────────────────┘                   │
│   d                         ▼                                       │
│   e       ┌─────────────────────────────────────┐                   │
│   f   ◄── │        Definição dos objetivos      │                   │
│   i       └─────────────────┬───────────────────┘                   │
│   n                         ▼                                       │
│   i       ┌─────────────────────────────────────┐                   │
│   t       │        Estruturação do curso:       │                   │
│   i       │           plano definitivo          │                   │
│   v       └─────────────────┬───────────────────┘                   │
│   a                         ▼                                       │
│           ┌─────────────────────────────────────┐                   │
│           │ Redação de documentos destinados aos alunos │           │
│           └─────────────────┬───────────────────┘                   │
│                             ▼                                       │
│           ┌─────────────────────────────────────┐                   │
│       ──► │       Elaboração da avaliação       │                   │
│           └─────────────────────────────────────┘                   │
└─────────────────────────────────────────────────────────────────────┘
```

Fonte: B. Mérenne-Schoumaker. "Éléments de didactique de la géographie", *Géo*, n. 19, 1986, p. 52. In: Schoumaker BM. *Didáctica da Geografia*. Lisboa: ASA Editores, 1994.

solo como objeto de aprendizaje, sino también como forma de razonar que ayuda a hacerse una imagen organizada de la realidad social y espacial.

Nessa direção, devemos considerar *o que queremos ensinar e como vamos ensinar*. Daí, quando entendermos o conhecimento que ensinamos, a sua função social e os princípios epistemológicos da geografia, realizaremos uma organização curricular mais articulada com a didática. Por isso, temos de ter clareza dos aportes no campo da didática da geografia e considerar os núcleos conceituais que serão trabalhados com os alunos.

Ainda segundo González (1999), pode-se organizar um curso de geografia escolar considerando:

- as finalidades educativas gerais do sistema escolar nas quais se inserem os conteúdos geográficos;
- as metas educativas da etapa e da área de conhecimento nas quais se inserem os conteúdos geográficos;
- as metas educativas da escola em que estamos trabalhando, o que poderá ajudar na escolha dos conteúdos;
- a escolha da metodologia que seja coerente com a concepção que se está desenvolvendo em geografia, definindo, assim, a sequência de conteúdo e a coerência em ordem crescente de dificuldade que será trabalhada;
- o interesse de cada atividade didática por meio da explicação dos objetivos dessas atividades em relação ao fio condutor da unidade didática.

O propósito desse exemplo (do Quadro 1 e da proposta de González), de organização de um curso de geografia, é mostrar como os objetivos da área podem auxiliar nas escolhas didáticas e, assim, entendê-las como um caminho mais adequado para organizar a aula e atingir a aprendizagem.

Um exemplo de um desenho curricular mais significativo foi a proposta apresentada em 1962, quando o Ministério da Educação e

CAPÍTULO 1 Um Breve Referencial Teórico e a Educação Geográfica

Cultura, cujo titular era Darcy Ribeiro, publicou um manual de estudos sociais na escola. Para o ensino de estudos sociais na primeira série foi proposto: *adquirir conhecimento em relação aos fatos geográficos: dia e noite; luz e sombra; calor e frio; nuvens e chuvas...; localização da casa do aluno, situação em relação à outra, o caminho percorrido pelo aluno; planificação (plantas simples da sala de aula e da casa).*

Esse exemplo nos fornece parâmetros sobre os princípios norteadores de um currículo escolar que cabe à escola estimular: o interesse que o aluno tem no conhecimento do ambiente em que vive e nas novas experiências.

No entanto, passados aproximadamente 46 anos desde a elaboração dessas orientações curriculares, o ensino de geografia não conseguiu, nem nas séries iniciais do ensino fundamental I nem ao final do ensino fundamental II, incorporar propostas metodológicas que contribuíssem para melhorar a didática da disciplina em sala de aula.

Apesar das poucas mudanças na didática da geografia, podemos afirmar que, durante quase 30 anos (parte da década de 1960 e as décadas de 1970 e 1980), tivemos, prioritariamente, programas que destacavam apenas um rol de conteúdos, criando a ilusão de que havia transferência de informações, ou seja, a crença de que o professor ensinava os conteúdos e os alunos aprendiam. A partir de 1996, passamos a conviver com uma política educacional voltada para as orientações curriculares, que ampliam o sentido do conteúdo para as questões da didática.

A principal questão que destacamos está relacionada com a aprendizagem e o domínio dos saberes. Quando o aluno apenas memoriza, ou não vê objetivos no que aprende, acaba esquecendo os conteúdos após aplicá-los em uma avaliação.

Entendemos que a geografia é uma disciplina escolar que possui seus objetos de aprendizagem e núcleos conceituais a partir de uma abordagem filosófica comprometida com a realidade social. É por conta disso que, muitas vezes, em situações fora da sala de aula, ocorrem impasses nas discussões de alguns conceitos que seriam universais, como, por exemplo, os ligados às questões ambientais à metrópole, modos de produção, desenvolvimento e subdesenvolvimento, fontes de energia e recursos naturais, que são conceitos também trabalhados por outras áreas que ajudam a explicar situações do cotidiano.

Portanto, ao selecionar os conteúdos, devem-se escolher a abordagem metodológica com a qual se vai trabalhar e as bases teóricas da aprendizagem do conceito. Entendemos que a avaliação faz parte de todo o processo e para isso supõe objetivos de aprendizagem explícitos e, ao mesmo tempo, diz respeito aos professores e aos alunos.

Ao tratarmos do domínio dos saberes, entendemos que não é só aplicá-los de maneira mecânica em situações do cotidiano, mas compreendê-los para que, na aplicação, haja sentido e coerência com a realidade, ou seja, articular as referências teóricas com a prática.

O desafio está na mediação entre o saber acadêmico e o saber escolar (ensinado), na medida em que o professor deve incorporar as mudanças propostas pelo sistema escolar e organizar o currículo com base nos pressupostos teórico-metodológicos da geografia e da pedagogia.

É, portanto, um processo no qual a aprendizagem significativa se contrapõe a uma abordagem repetitiva, com um método de ensino que substitui práticas viciadas em memorização relacionadas às atividades de repetição e associação que visam apenas à apreensão das informações.

Espera-se, em uma prática de ensino mais dinâmica, que o aluno possa não só dar significado, mas compreender o que está sendo ensinado. Optando por uma metodologia de ensino que envolva o aluno na construção do conhecimento, espera-se que ele estude a partir de situações do cotidiano e relacione o conhecimento aprendido para analisar a realidade, que pode ser a local ou a global. Muitas vezes, é necessário ter uma referência na história, no passado e em outros lugares do mundo para estabelecer relações com o local e compreender o entorno.

Nessa perspectiva, é condição para a aprendizagem significativa não só a estrutura do conteúdo, mas como ele será ensinado, qual será a proposta didática para que estimule as estruturas cognitivas do sujeito e também qual a base conceitual necessária para que o aluno possa incorporar esse novo conhecimento ao que ele já sabe. Fato é que, para pensar o currículo escolar da geografia ou como será o plano de aula, enfrentam-se vários desafios.

O professor, ao organizar os conteúdos, deve pensar sobre eles e planejá-los para o seu curso, imaginar como será a aula e, em seguida, reorganizá-la, sendo esses procedimentos a base de todas as ideias que se concretizam. Isto é, pensar em como se organiza a aula, desde os objetivos e conteúdos até o passo-a-passo das atividades. Para isso, vale considerar os objetivos que serão trabalhados com os alunos. Em linhas gerais, podemos destacar alguns objetivos para o ensino da geografia:

a) Capacidade de aplicação dos saberes geográficos nos trabalhos relativos a outras competências e, em particular, capacidade de utilização de mapas e métodos de trabalho de campo.

Cabe destacar que o trabalho de campo é um momento especial para o aluno na medida em que o professor pode articular os aspectos teóricos do conteúdo desenvolvidos em sala de aula com a observação dos fenômenos e objetos do lugar em questão. Assim, o trabalho de campo não será uma mera observação, mas um aprofundamento dos conceitos científicos. Por isso, é importante que o professor, antes de levar os alunos, faça um reconhecimento das potencialidades deles e elabore um roteiro de estudo.

b) Ampliação dos conhecimentos e compreensão dos espaços nos contextos locais, regionais, nacionais e globais. Nesse caso, destaque para o reconhecimento do território e a compreensão das características culturais dos lugares em estudo.

Sobre esse objetivo, um conceito que constitui a dimensão cultural dos lugares é o de pertencimento. Com ele, o aluno terá uma visão das suas raízes culturais, compreenderá o fluxo migratório e, ao mesmo tempo, relacionará o deslocamento com a cultura. Dessa forma, o indivíduo construirá a sua identidade com o lugar de vivência e será estimulado pelo conhecimento de sua própria identidade.

    c) Compreensão das semelhanças e das diferenças entre os lugares, garantindo o domínio sobre os conhecimentos relativos ao tempo e clima; à geomorfologia; aos recursos hídricos; ao solo e à cobertura vegetal; à população; à comunicação e aos fluxos; às redes e às atividades econômicas; espaços rurais e urbanos.

Esse objetivo, por exemplo, possibilita ao aluno compreender as inter-relações existentes entre as diferentes sociedades e a dinâmica da natureza. Isso significa não só reconhecer as características físicas dos lugares, mas comparar a organização das diferentes sociedades e como foram ocupando o meio físico em vários períodos históricos, fazendo uso de técnicas e tecnologias para analisar as consequências dessas ocupações e as soluções dadas.

    d) Compreender os conceitos geográficos a partir do uso da linguagem cartográfica e gráfica; reconhecer e fazer uso dessas linguagens e outras com diferentes gêneros textuais, imagens, audiovisuais, documentais para explicar, analisar e propor soluções que utilizem os conceitos geográficos em situações do cotidiano.

Nesse caso, o professor irá valorizar a capacidade de leitura e escrita do aluno, iniciando uma atividade interdisciplinar para aprofundar conceitos geográficos. Ao utilizar imagens, vídeos, obras de artes ou um texto literário, pode-se estimular o aluno a compreender os conceitos geográficos, considerando não só a capacidade cognitiva, mas os aspectos afetivos e culturais, potencializando a aprendizagem significativa. É importante entender que essas linguagens não são instrumentos ou meras ferramentas, mas são utilizadas como propostas voltadas para o processo de aprendizagem e para a ampliação do capital cultural do aluno.

A função do objetivo se dá em relação ao que se quer que o aluno aprenda e não em função daquilo que se ensina. Ao escolher um percurso pedagógico, o professor facilitará a decisão sobre o método e os recursos didáticos, mas não se deve transformar esse percurso em uma "camisa-de-força" ou cair em um formalismo, devido ao risco de artificialismo.

Deve-se considerar que o currículo escolar não é permanente. Os conteúdos podem ser substituídos à medida que ocorram mudanças na realidade e no mundo tecnológico e científico. No entanto, eles são construídos social e culturalmente, o que significa que a escola tem um papel importante ao possibilitar a difusão do conhecimento em um contexto social, cultural e histórico.

Essa concepção sobre a organização dos conteúdos na geografia escolar permite-nos fornecer uma dimensão mais profunda para o ensino. Um exemplo que cabe aqui é o uso da descrição: ao darmos um corte disciplinar nos arranjos descritivos e informativos e ampliarmos para uma visão mais formativa e interdisciplinar, a descrição fará parte de um contexto para a aprendizagem, não sendo, portanto, um fim em si mesma.

É essencial dar a todos não o ensino de geografia, mas uma **"educação geográfica"** cujo fim

> é conseguir que os homens não se sintam mal nos seus espaços e meios, dentro de suas próprias paisagens e regiões, mas também nas paisagens e regiões de civilizações que não são as suas... Porque aí conhecerão as origens e as evoluções; ainda porque, compreendendo-as, estarão aptos a agir e transformá-las com conhecimento de causa (Merénne-Schoumaker, 1999, p. 32).

A **educação geográfica** contribui para que os alunos reconheçam a ação social e cultural de diferentes lugares, as interações entre as sociedades e a dinâmica da natureza que ocorrem em diferentes momentos históricos. Isso porque a vida em sociedade é dinâmica, e o espaço geográfico absorve as contradições em relação aos ritmos estabelecidos pelas inovações no campo da informação e da técnica, o que implica, de certa maneira, alterações no comportamento e na cultura da população dos diferentes lugares.

No entanto, com a ampliação do acesso à mídia, multiplicaram-se as informações do mundo e, para muitos alunos e alguns professores, o conhecimento geográfico está sendo transmitido pela TV e internet. A geografia é mais do que possuir essas informações e estudá-las significa relacioná-las aos métodos de análise e processos de aprendizagem. Cabe destacar a importância do papel da geografia como disciplina escolar para conhecer e compreender o mundo.

A seguir, apresentamos uma proposta de como isso poderia ser realizado, tomando como exemplo o tema dos transportes e fluxos de circulação de pessoas e mercadorias.

Quadro 2 *Modelo de plano de aula a partir da sequência didática*

SEQUÊNCIA DIDÁTICA	OBJETIVOS	CONCEITOS	ATIVIDADES
Uma sequência de painéis mostrando a mobilidade espacial de determinado lugar. Duração: 4 aulas	Identificar os fluxos da população e dos meios de transporte; perceber a responsabilidade do problema dos transportes para si mesmos e para os que habitam aquele lugar; interpretar as informações por meio da análise de uma carta topográfica e de fotografia aérea.	Localização; mobilidade espacial: migrações, funções, hierarquização.	Elaborar um croqui sobre a organização do espaço deste lugar a partir de uma carta topográfica de 1:25.000 e de fotografia aérea; identificar no croqui os estabelecimentos existentes neste lugar; responder a questões e problematizá-las sobre a utilização dos transportes no lugar em que vivem e sobre o uso que cada um faz deles.

(continua)

CAPÍTULO 1   Um Breve Referencial Teórico e a Educação Geográfica

Quadro 2   *Modelo de plano de aula a partir da sequência didática*   (continuação)

SEQUÊNCIA DIDÁTICA	OBJETIVOS	CONCEITOS	ATIVIDADES
Uma pesquisa sobre os transportes coletivos: a companhia de transportes de determinado lugar. Duração: 4 aulas	Analisar os transportes como meios de circulação de mercadorias e pessoas.	Estrutura, forma e função do espaço; centro e periferia; eixo de transportes; polos e fluxos de transportes.	Apresentar uma palestra de um engenheiro de transportes, motorista de ônibus ou de um representante de uma instituição pública (CET) que explicará os fluxos e problemas relacionados aos transportes em determinado lugar; apresentar uma pesquisa sobre os transportes de algum lugar.
Os transportes como organizadores de determinado lugar. Duração: 3 aulas	Definir os processos de organização do espaço a partir de pesquisas em diferentes locais; relacionar os fluxos populacionais com os meios de transporte.	Tipos de transportes; acessibilidade e centralização dos transportes; descentralização populacional.	Analisar uma carta e identificar os elementos presentes nela que se relacionam com a produção do lugar; elaborar uma carta-síntese do lugar analisado e construir um modelo representativo que mostre o fluxo e sua organização do lugar e das pessoas desse lugar.

(continua)

Quadro 2 *Modelo de plano de aula a partir da sequência didática* (continuação)

SEQUÊNCIA DIDÁTICA	OBJETIVOS	CONCEITOS	ATIVIDADES
Avaliação das atividades. Duração: 3 aulas	Avaliar os conhecimentos por meio de um problema relacionado à organização do lugar; verificar a capacidade de transferir o conhecimento para outras situações.	Conceitos e noções aprendidos durante a sequência.	Produzir uma carta de um país imaginário a partir do que foi visto: traçados, rotas, percursos urbanos; analisar essa carta a partir do que cada grupo colocou e discutir as propostas.

Fonte: AUDIGIER, Français. *Construction de l'espace géographique*. INRP, 1995. Adaptação e reformulação feitas pelas autoras.

O plano de aula apresentado no Quadro 2 é uma proposta que enfatiza os conteúdos de transporte e população, permitindo a integração entre esses conteúdos, a compreensão da dinâmica da organização do espaço, bem como os demais conteúdos que permitem o entendimento da singularidade dos lugares e as conexões entre eles.

Logo na primeira sequência, o aluno deverá elaborar um croqui nesta atividade; é importante que ele tenha contato com fotos e textos que se relacionam ao lugar para que as informações façam sentido.

O croqui, que o aluno elaborará, é um procedimento que poderá apresentar outros conceitos e informações que também se relacionam com a dinâmica de transportes e populacional, como clima, fronteiras naturais e sociais existentes, dados estatísticos sobre a concentração da população, entre outros. A seguir, apresentamos um modelo de croqui:

CAPÍTULO 1   Um Breve Referencial Teórico e a Educação Geográfica

Um modelo experimental de croqui

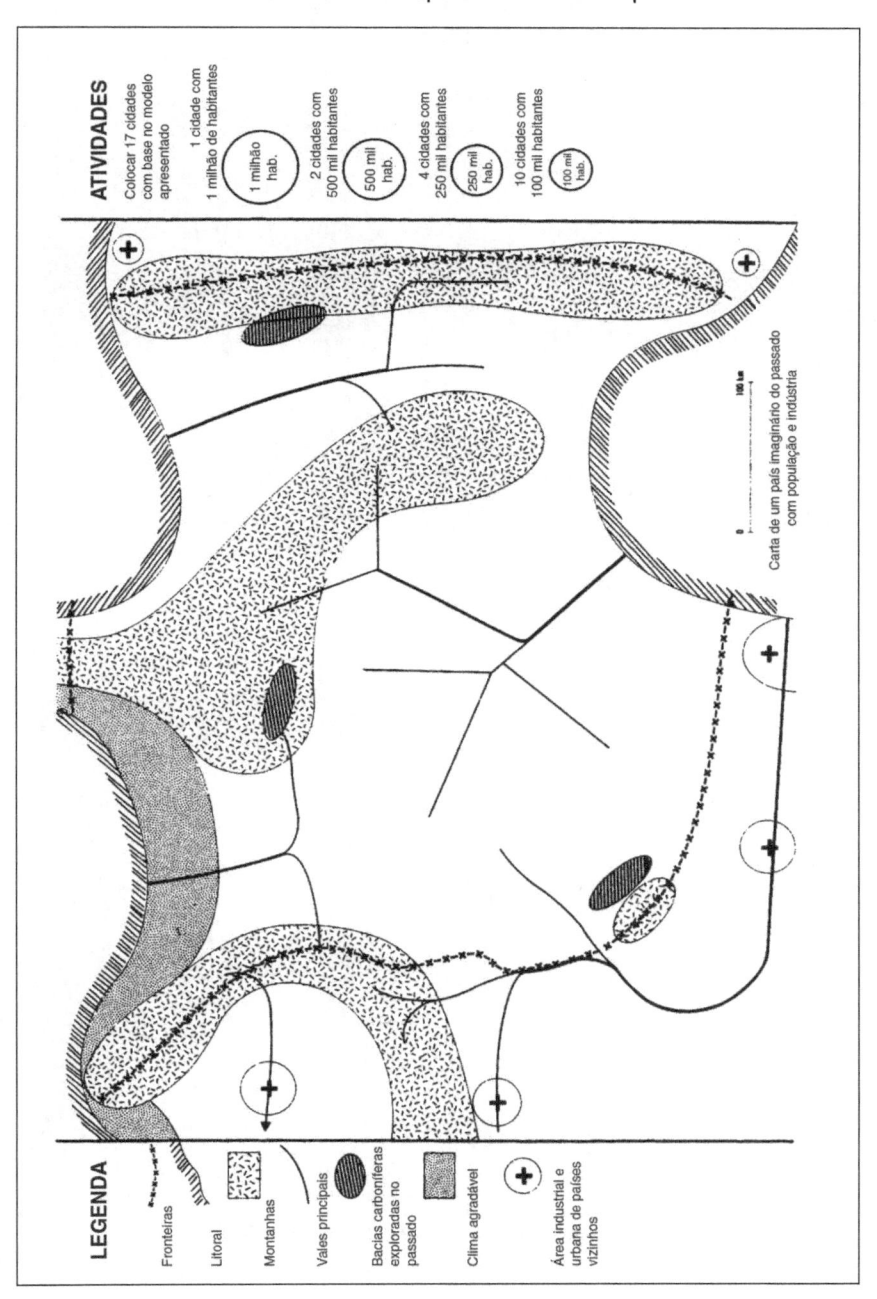

ATIVIDADES

Colocar 17 cidades com base no modelo apresentado

- 1 cidade com 1 milhão de habitantes
- 1 milhão hab.
- 2 cidades com 500 mil habitantes
- 500 mil hab.
- 4 cidades com 250 mil habitantes
- 250 mil hab.
- 10 cidades com 100 mil habitantes
- 100 mil hab.

Carta de um país imaginário do passado com população e indústria

LEGENDA
- Fronteiras
- Litoral
- Montanhas
- Vales principais
- Bacias carboníferas exploradas no passado
- Clima agradável
- Área industrial e urbana de países vizinhos

AUDIGIER, F. *Construction de l'espace géographique*. Paris: Institut National de Recherche Pédagogique, 1995.

Ensino de Geografia

Praia de Paúba – São Sebastião – SP.

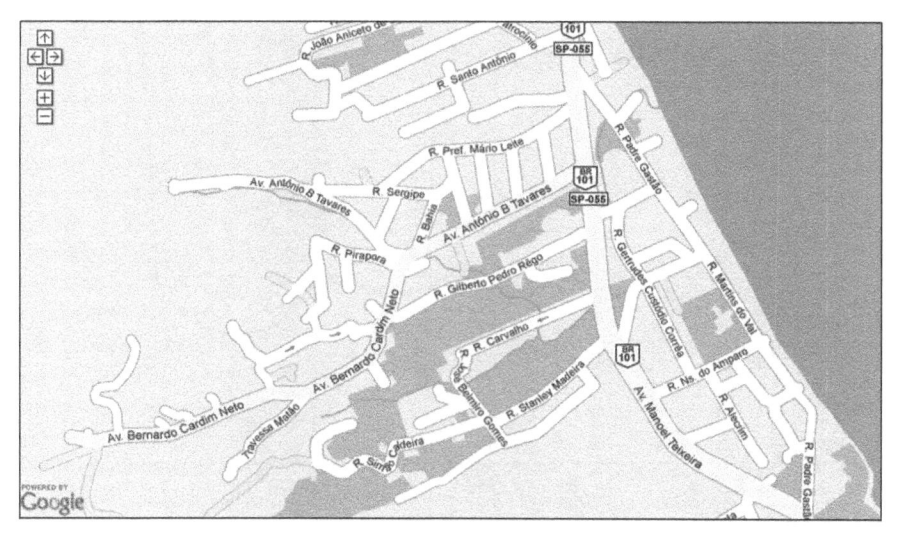

Mapa de São Sebastião. Imagem extraída do site da Câmara Municipal de São Sebastião – SP. http://www.camarasaosebastiao.com.br/mapa-virtual.htm

CAPÍTULO 1   Um Breve Referencial Teórico e a Educação Geográfica

Nesse procedimento, além dos conceitos que foram apresentados, há também os relativos às noções de tempo ou temporalidade. Podemos observar, por exemplo, diversos elementos em que o tempo pode ser percebido no cotidiano e na natureza, desde o modelado do relevo, as formações rochosas, até as avenidas e ruas; também as indústrias e os campos, por revelar em suas formas, simultaneamente, o passado e o presente. Tudo isso resulta de um processo na produção e organização do espaço, analisado a partir das relações sociais, econômicas, políticas, culturais e ambientais.

O aluno deve conhecer a organização do espaço geográfico não apenas como um lugar em que se encontram os objetos técnicos, transformados ou não, mas em que há também relações simbólicas e afetivas, que revelam as tradições e os costumes, indo para além das relações entre o ser humano e a natureza e, consequentemente, avaliando as intervenções humanas no meio físico.

Nesse contexto, ao observar os elementos que compõem o espaço vivido, o aluno perceberá a dinâmica das relações sociais presentes na organização e produção desse espaço, o que significa, também, compreender o processo de construção de sua identidade individual e coletiva.

Na educação geográfica, para obter a compreensão necessária do mundo, é importante formular hipóteses a partir de observações, para posterior comprovação e análise. O passo fundamental para esse processo de análise é ter a prática científica articulada com o desenvolvimento teórico, ou seja, a dimensão da prática pedagógica e da epistemologia da ciência geográfica.

Nessa perspectiva, a educação geográfica contribui para a formação do conceito de identidade, expresso de diferentes formas: na consciência de que somos sujeitos da história; nas relações com lugares vividos (incluindo as relações de produção); nos costumes que resgatam a nossa memória social; na identificação e comparação entre valores e períodos que explicam a nossa identidade cultural; na compreensão perceptiva da paisagem que ganha significados, à medida que, ao observá-la, nota-se a vivência dos indivíduos.

Em relação aos princípios, podemos afirmar que a geografia estuda o significado da localização dos fenômenos, o território, as divisões em regiões ou países, descrevendo os lugares, interpretando as diferentes secções espaciais e os momentos históricos. O ato de ensinar geografia nos coloca sempre a questão, ao legitimar o saber geográfico e ao repensar seus conteúdos, de como evitar que aumente a distância entre a geografia acadêmica e a escolar. Sabe-se que a transposição dos conhecimentos não é direta, mas que deve preservar os princípios e a essência do conhecimento geográfico.

Estudar as mudanças que ocorreram nos sítios geográficos e relacioná-las com a ocupação dos lugares no passado e presente, mostrando que não é possível entender as transformações das cidades e do campo sem compreender a dinâmica da natureza, são procedimentos geográficos que necessitam da referência do método de análise, a partir da dimensão epistemológica das categorias geográficas. Esses estudos ocorrem sem uma transposição direta do conhecimento acadêmico. Devem-se, então, considerar as conexões com o sentido de território e de lugar que o aluno vivencia, estabelecendo um diálogo entre o campo epistemológico e o campo da aprendizagem.

O problema não é tanto o de definir o saber geográfico que deve ser ensinado, mas o de como o aluno está aprendendo. Daí que um aluno pode formular enunciado, mas não entender seu verdadeiro significado, ou pode saber o sentido do fenômeno, mas com pouco nível de formulação. Por isso, no processo de aprendizagem, é importante estabelecer quais são os níveis de formulação de um conceito para cada série e idade e quais são os níveis científicos para ensinar conceitos. Pode-se organizar um mapa conceitual, por exemplo, para que o aluno compreenda o conceito de espaço geográfico, e relacioná-lo aos conceitos de território, sociedade, lugar, paisagem, poder, solo, cultura e trabalho. Devem-se, portanto, organizar ações didáticas eficazes de aprendizagem.

Dessa forma, o raciocínio geográfico do aluno pode ser estimulado a comparar diferentes espaços e entender que o estudo do território passa por compreender o grau de complexidade que tem esse conceito, pois abrange diferentes usos, hábitos e culturas, organização política, tradições e etnias que muitas vezes estão convivendo num mesmo território. Pelo fato de ser um produto da sociedade, isso implica questionar as relações entre os espaço e compreender temporalmente as mudanças que ocorreram nos lugares.

O estudo dos fenômenos geográficos em escalas de análise possibilita superar a falsa dicotomia existente entre o local e o global, na medida em que ampliamos o olhar. Ou seja, ao mesmo tempo em que se estudam o lugar de vivência e outros que existem no mundo, rompemos com o senso comum que favorece a ordenação concêntrica dos conteúdos geográficos, o que muitas vezes acaba gerando um discurso descritivo do espaço geográfico.

A interpretação dos fenômenos geográficos ganha significado quando o aluno entende a diversidade da maneira como se dá a organização dos lugares, as redes que se constroem no cotidiano ao se deslocar entre os lugares que costuma ir, como a escola, a casa dos amigos e parentes, a praça, o supermercado. Essas redes formam trajetos que permitem ao aluno mapear e localizar cada um desses lugares. Na educação geográfica, o estudo das inter-relações entre os fenômenos em várias escalas de análise depende da leitura e interpretação dos mapas.

Compreender a geografia do lugar em que se vive significa conhecer e aprender que as paisagens são distintas e que podemos encontrar construções de concepções arquitetônicas diferentes em uma mesma rua; significa compreender também os fluxos de pessoas e mercadorias, as áreas de lazer, as áreas industriais e comerciais e reconhecer, cartograficamente, as áreas rurais e urbanas dos diferentes lugares. O que vai diferenciar a compreensão dos temas ou conceitos é a maneira como se estuda em sala de aula a organização dos arranjos do espaço geográfico.

Quando se estuda geografia lendo fenômenos geográficos em diferentes escalas de análise e cartográfica, o aluno é mobilizado a entender o seu cotidiano, comparando e relacionando fatos e fenômenos, notando diferenças e semelhanças entre as paisagens de vários lugares do mundo. Ele pode perceber, por exemplo, as formas de uma representação gráfica ou cartográfica da Terra, a partir de imagens construídas empiricamente, observando o Sol, o céu, os pontos de referência, vinculando informações e reconhecendo os lugares. Dessa forma, o discurso da educação geográfica fará muito mais sentido: o diálogo entre a didática e o conhecimento geográfico acadêmico começará a fazer parte da história de vida do aluno na sala de aula.

Enfrentamos um problema que passa a incomodar o geógrafo Moreira (2007, p. 16) afirma que, a partir da década de 1950, ocorre um rápido desenvolvimento dos meios de transferência (transporte, comunicações e transmissão de energia) e, nesse quadro de realidade, já não basta à teoria geográfica localizar, demarcar e mapear o espaço. É preciso saber ler e entender as mudanças. Isso quer dizer dar novos significados ao momento em que vivemos, cartografar os lugares e a localização das formações naturais, o que implica, nas palavras de Moreira, tomar para si a elaboração dessa cartografia e, consequentemente, o geógrafo fazer geografia.

Nesse sentido, para a educação geográfica, além de priorizar, em suas abordagens nas aulas, as análises sobre a organização dos arranjos espaciais das cidades em função do desenvolvimento industrial e agrário regional, nacional e mundial, deve também considerar as semelhanças entre os continentes no que se refere à fauna e à flora. Entender esses arranjos e as transformações que ocorrem no espaço passa por compreender que, ao mapear os lugares e os fenômenos, também se deve considerar o tempo social.

Com essas ideias, buscamos superar o senso comum, o nosso real desafio, a respeito da geografia escolar presente no imaginário e cotidiano das escolas, que é o fato de ser uma disciplina pouco respeitada. Para Moreira (2007, p. 21), a questão é estabelecer um novo olhar, converter, por exemplo, o discurso sobre as paisagens num corpo de linguagem conceitual que as veja como uma realidade em movimento, superando o velho modo de olhar preso na apreensão fixa das localizações, nas velhas técnicas de descrição e na velha linguagem cartesiana dos mapas.

Do ponto de vista da geografia escolar, pode-se afirmar que esse velho modo é o descritivo, descontextualizado com os conteúdos sem significado para o aluno, e é isso que fará a diferença para superar o senso comum da geografia ensinada.

Ensinar geografia significa possibilitar ao aluno raciocinar geograficamente o espaço terrestre em diferentes escalas, numa dimensão cultural, econômica, ambiental e social. Além disso, significa permitir que o aluno perceba a imagem gráfica ou a representação cartográfica da superfície da Terra de forma criteriosa e com o devido rigor científico.

A interligação dos saberes se efetiva por meio do uso metodológico da escala de análise, da escala dos fenômenos e da escala da representação e, dessa maneira, os alunos se sentirão autores do seu conhecimento. Essas referências contribuirão para o entendimento e a construção dos conceitos necessários para a leitura da realidade por meio da geografia.

Vejamos, no Quadro 3, um exemplo de organização de um plano de trabalho, que pode servir como orientação para o trabalho que o professor desenvolve em classe. Essa tabela é um modelo para se estruturar melhor o planejamento semestral, trimestral ou anual. É importante não tê-la como uma "camisa-de-força", mas como uma orientação para o percurso da condução da aula.

Ensino de Geografia

Quadro 3 *Esquema geral de um plano de trabalho para um ano letivo*

SEQUÊNCIAS DE MATÉRIAS PREVISTAS NO PROGRAMA	OBJETIVOS DO SABER	OBJETIVOS DO SABER-FAZER	OBJETIVOS DO SABER-SER	ATIVIDADES INTRACLASSE E EXTRACLASSE E EVENTUALMENTE COORDENAÇÃO COM OUTRAS DISCIPLINAS	MODOS DE AVALIAÇÃO	HORÁRIO (Nº DE AULAS E DATAS)
Sequência nº 1	Saberes a adquirir: – definições – noções – conceitos – localizações	Saber-fazer a dominar: – coleta de dados – análise dos dados – técnicas, ferramentas...	Comportamento desejável: – em geografia – atitude geral		Atividades com textos argumentativos	Tempo total realmente disponível
Sequência nº 2						
Sequência nº 3						
... ...						

B. Mérenne-Schoumaker. "Élements de didactique de la géographie", *Géo*, n. 19, p. 50, 1986.

Bibliografia

AUDIGIER. F. *Construction de l'espace géographique*. Paris: Institut National de Recherche Pédagogique, 1995.

GONZÁLEZ, M.S. *Didáctica de la geografía*. Barcelona: Ediciones Del Serbal, 1999.

MERÉNNE-SCHOUMAKER, B. *Didáctica da geografia*. Coleção Horizontes da Didáctica. Lisboa: Edições ASA, 1999.

MOREIRA, R. *Para onde vai o pensamento geográfico?* Por uma epistemologia crítica. São Paulo: Contexto, 2006. p. 14.

MOREIRA, R. *Pensar e ser em geografia*. São Paulo: Contexto, 2007. p. 16.

ESTUDOS SOCIAIS NA ESCOLA PRIMÁRIA JOSEPHINA DE CASTRO E SILVA GAUDENZI (org.) Programa de emergência do Ministério da Educação e Cultura. Brasília, 1962.

CAPÍTULO 2
A linguagem e a representação cartográfica

A proposta deste capítulo será analisar o uso da cartografia como linguagem no processo de letramento e alfabetização geográfica. Essa discussão está fundamentada em pesquisas realizadas, principalmente nos últimos anos, e procurará contribuir para a formação de professores e a prática docente.

Com base nesse estudo, faremos análises significativas em relação ao processo de aprendizagem das noções básicas em cartografia nas séries iniciais do ensino fundamental. Para iniciar as discussões que se seguem, tomaremos a concepção *letramento geográfico* em substituição a *alfabetização geográfica*, por ter uma dimensão maior.

Alfabetizar, segundo o *Dicionário Aurélio*, é ensinar a ler. Alguns autores da área de linguística têm considerado a alfabetização como uma técnica em ler e escrever. Ensinar a ler em geografia significa criar condições para que a criança leia o espaço vivido, utilizando a cartografia como linguagem para que haja o letramento geográfico. Ensinar a ler o mundo é um processo que se inicia quando a criança reconhece os lugares e os símbolos dos mapas, conseguindo identificar as paisagens e os fenômenos cartografados e atribuir sentido ao que está escrito.

Ao assumir a matriz teórica tratada no campo da educação e da ciência linguística, consideramos que, em Geografia, a leitura da paisagem e dos mapas não é apenas uma técnica, mas é utilizada com o objetivo de dar ao aluno condições de ler e escrever o fenômeno observado. Ao se apropriar do tratado da leitura, ele compreende a realidade vivida, consegue interpretar os conceitos que estão implícitos nele.

No processo de apropriação da leitura e escrita, a maioria das crianças faz distinção entre um texto e um desenho, indicando que este serve "para olhar" e aquele, "para ler". Da mesma maneira que o aluno lê por meio das figuras ou desenhos, na geografia o aluno lê e registra (escrita/representação) o que observa das paisagens do espaço vivido e, a partir dessas atividades, começa a perceber as relações sociais nele existentes.

Em geografia, a leitura que se faz do entorno ou dos mapas e das imagens tem a mesma finalidade – para olhar e para ler –, mas a possibilidade de utilizar diferentes linguagens proporciona aos alunos meios para comparar o que é do nível da sua imaginação com os fenômenos reais que organizam o espaço geográfico.

A leitura e a escrita que o aluno faz da paisagem estão, sem dúvida, carregadas de fatores culturais, psicológicos e ideológicos. Por isso, entendemos que ler e escrever sobre o lugar de vivência é mais que uma técnica de leitura; é compreender as relações existentes entre os fenômenos analisados, caracterizando o *letramento* geográfico, com base nas noções cartográficas.

Ao se apropriar de um conceito, como, por exemplo, o de localização, a criança desenhará nos trajetos os locais mais familiares utilizando símbolos, cores ou sinais; assim, ao ler uma planta cartográfica, ela poderá relacionar e compreender os conceitos de localização e pontos de referência. Dessa maneira, ela compreende a função social que uma representação cartográfica possui. É nesse momento que afirmamos que o uso da linguagem cartográfica é mais que uma técnica, na medida em que implica envolver ações do cotidiano.

O letramento geográfico é, portanto, o ponto de partida para estimular o raciocínio espacial do aluno, articulando a realidade com os objetos e os fenômenos que querem representar, na medida em que se estrutura a partir das noções cartográficas. A concepção que desenvolvemos em relação ao processo de letramento geográfico tem como base as noções: área, ponto e linha; escala e proporção; legenda, visão vertical e oblíqua, imagem bidimensional e tridimensional. A ideia é que, quando o aluno inicia sua alfabetização escolar nas áreas do conhecimento, a geografia também faça parte, a partir do reconhecimento, por exemplo, das direções, tendo o corpo como ponto de referência.

Os mapas mentais ou os desenhos são representações em que não há preocupação com a perspectiva ou qualquer convenção cartográfica. O aluno pode usar sua criatividade ou estabelecer critérios junto com a classe, pois as representações ocorrem a partir da memória. Reconhecer o local de vivência, localizar os objetos, saber se deslocar e identificar as direções são conteúdos elementares que devem ser desenvolvidos com os alunos desde a educação infantil. Ou seja, os mapas mentais são representações que revelam os valores que os indivíduos têm dos lugares, dando-lhes significados ou sentido ao espaço vivido. Confira exemplos de mapas mentais nas imagens das páginas 26 e 27.

Na geografia escolar, o estudo dos fenômenos pode ser mais interessante para o aluno alfabetizado ou letrado a partir da linguagem cartográfica. A apropriação conceitual se dá no momento em que o aluno não só identifica o fenômeno no mapa, mas consegue interpretá-lo e utilizá-lo no cotidiano, como, por exemplo, lendo uma planta cartográfica e conseguindo se deslocar em direção a um lugar desconhecido.

Essa atividade mostra a mudança conceitual que ocorreu com os alunos e reforça o processo de *letramento* geográfico e cartográfico nas séries iniciais. Esses procedimentos cumprem uma função estratégica na formação dos conceitos científicos. Assim, em outros

Ensino de Geografia

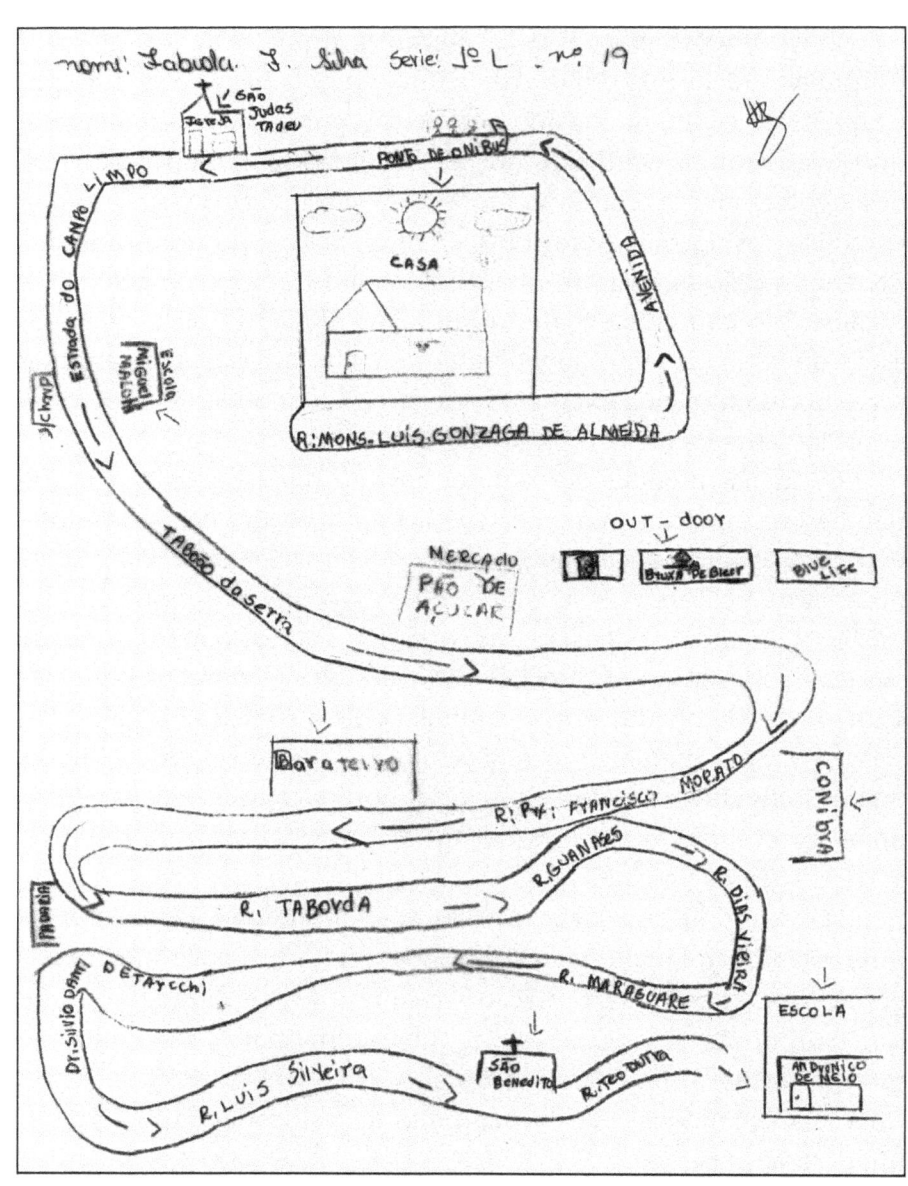

Nestes mapas mentais observamos a concepção que o aluno tem do espaço e as noções que possui sobre proporção, visão vertical e oblíqua. Essas noções são fundamentais para que percebamos como ele lê o espaço e compreende as noções cartográficas.

CAPÍTULO 2 A Linguagem e a Representação Cartográfica

momentos do ensino fundamental, o aluno poderá fazer leituras de mapas ou, em outras palavras, será educado para a visão cartográfica, como afirma Simielli (1996).

Para educar os alunos a fim de que tenham compreensão das noções cartográficas, consideramos que os seus desenhos são o ponto de partida para explorar o conhecimento que têm da realidade e dos fenômenos que querem representar. Esses desenhos são considerados representações gráficas ou mapas mentais elaborados a partir da memória, não havendo necessidade de utilizar as convenções cartográficas.

Durante muitos séculos, a cartografia esteve relacionada ao mapeamento dos lugares que eram descobertos e registrados pelos viajantes. Esses relatos se transformaram em mapas, com a finalidade de mostrar todos os fenômenos distribuídos territorialmente.

Não podemos esquecer que os mapas são representações planas e reduzidas da superfície terrestre ou de parte dela, com uma síntese de informações apresentadas por meio de um conjunto de símbolos. Com as informações obtidas, é possível conhecer e conceber os vários lugares existentes na Terra e territorializá-los, ou seja, o mapa territorializa os registros dos documentos.

O entendimento que trazemos sobre a cartografia vai além do que normalmente é desenvolvido nas salas de aula. A cartografia escolar ainda é entendida como uma técnica e um conjunto de conteúdos – escala, fuso horário, coordenadas geográficas, projeções cartográficas e tipos de mapas – que são trabalhados como assuntos que se complementam, mas não têm muita relação. Essa ideia é o senso comum equivocado.

A cartografia tem uma técnica de representar os lugares, e todos esses conteúdos são importantes de ser trabalhados. Mas é fundamental entendê-la como uma linguagem e também como uma metodologia na educação geográfica.

Essa técnica passou a ser compreendida como meio de comunicação a partir das décadas de 1960 e 1970. Os estudos relacionados a ela foram elaborados principalmente nos países do Leste Europeu, o que resultou na dificuldade de acesso a essas pesquisas.

CAPÍTULO 2 A Linguagem e a Representação Cartográfica

Os estudos de Jacques Bertin (1967), A. Kolacny (1977) e Salichtchev (1983), entre outros, trouxeram novas perspectivas à cartografia, como a teoria da informação e da comunicação. Em 1967, Jacques Bertin, ao escrever a obra *Semiologie graphique*

> formula uma sintaxe da imagem gráfica a partir de variáveis visuais, mas propõe que tais representações sejam fundamentalmente imagens que requeiram somente um momento de percepção, sendo, portanto, imagens para ver e não para ler. Sistematiza, assim, uma gramática dos elementos gráficos (Girardi, 1997, p. 30).

Essa é uma relação importante, na medida em que a criança deve aprender os códigos para a leitura de mapas, entendendo que os elementos gráficos estruturam a gramática da cartografia. Isso é entender as variáveis visuais como uma linguagem, o que nos permite afirmar que há um processo de letramento em geografia, pois os alunos passam pela compreensão das noções cartográficas e, portanto, da linguagem cartográfica, para se apropriar do conhecimento geográfico.

A partir de meados da década de 1970, surgiram no Brasil alguns estudos com as pesquisas das professoras Lívia de Oliveira (1978), Tomoko Paganelli (1985) e Maria Elena Simielli (1986, 1996). Com base nesses estudos e nas pesquisas internacionais, a cartografia passa a ser entendida não apenas como uma técnica para representar o mundo, mas como meio de comunicação e linguagem.

Portanto, só a partir da década de 1980 se intensifica a divulgação dos modelos do processo de comunicação cartográfica. A preocupação dos cartógrafos e geógrafos é organizar esquemas que expressem a relação entre o cartógrafo e o usuário a partir dos dados obtidos da realidade. A síntese das informações é apresentada por meio de símbolos e, para isso, é necessário que haja uma boa compreensão deles. Dessa maneira, os símbolos precisam ser apreendidos como se fossem palavras, daí a denominação *linguagem cartográfica*.

A linguagem cartográfica se estrutura em símbolos e signos e é considerada um produto da comunicação visual que dissemina informação espacial. As informações são representadas por meio de um alfabeto cartográfico, formado por ponto, linha e área. Para realizar a leitura, é preciso que o leitor entenda a relação entre significante e significado, indicando que ele tem domínio dos códigos.

A simbologia cartográfica encontrada nos mapas em diferentes tempos históricos baseou-se, durante muito tempo, em recursos associativos: as cidades, por exemplo, costumavam ser identificadas por meio do desenho de um conjunto de casas; atualmente, em geral, são representadas por um pequeno círculo ou um retângulo com a cor vermelha. No entanto, ainda hoje, símbolos puramente geométricos ou do alfabeto cartográfico, como o ponto, a linha e a área para localizar, estabelecer fronteiras e a extensão territorial dos lugares, são utilizados e bastante difundidos para identificar características do fenômeno cartografado. Isso significa que os mapas atuais ainda guardam certa identidade com os de um passado distante, reforçando o caráter associativo, relacionado aos símbolos e figuras, e criando uma conexão entre o que está sendo representado e a realidade.

Estabelecer a relação entre a cartografia e os conteúdos geográficos com os alunos é fundamental para que eles compreendam os conceitos que serão trabalhados ao longo de sua escolaridade.

As atividades de aprendizagem que exploram a visão vertical e oblíqua, por exemplo, auxiliam os alunos a observar melhor o lugar em que vivem, a entender o processo de construção e modificação das paisagens e a levantar hipóteses sobre os processos geológicos ligados à modificação. O trabalho com orientação, como a localização do norte geográfico e a identificação dos lugares a partir da rosa-dos-ventos, auxilia-os a compreender pontos fixos e não fixos da ordenação de um território e também a entender a variação de critérios do processo de formação das regiões.

Por isso, é fundamental iniciarmos o processo de letramento em educação geográfica a partir das noções cartográficas, com destaque para o alfabeto cartográfico e a legenda, desde as séries iniciais do ensino fundamental I. No processo de letramento, a linguagem cartográfica estabelece um novo referencial no tratamento dos mapas em sala

CAPÍTULO 2 A Linguagem e a Representação Cartográfica

de aula. Eles passam a ser lidos e compreendidos pelo aluno, que os relaciona com a realidade vivida e concebida por ele. A apropriação dos códigos necessários para ler um mapa é o equivalente aos códigos de linguagem – gramática – necessários para aprender a ler e a escrever. No caso dos mapas, há uma semelhança entre as variáveis visuais e os símbolos e sinais utilizados para a elaboração dos mapas.

Se desde a educação infantil a criança tiver acesso aos procedimentos e aos códigos relativos à linguagem cartográfica, não temos dúvida de que ela ampliará a sua capacidade cognitiva de leitora de mapas e, dessa maneira, o mapa fará parte das análises cotidianas.

Assim, o rigor na utilização correta dos códigos (signos e símbolos) reforça a ideia de que a cartografia é uma ciência da transmissão gráfica da informação espacial e de que os mapas não são apenas representações, mas também meios de transmitir informações. O quadro de referência das variáveis comprova a necessidade de realizar atividades com as crianças que estimulem o desenho, a grafia de formas geométricas e a criação de signos e sinais, desde a educação infantil até o ensino médio, com a perspectiva de desenvolver a capacidade cognitiva da criança e interpretar os lugares a partir da descrição, comparação, relação e síntese de mapas e croquis.

Uma possibilidade ao atuar em sala de aula visando à construção do conceito e à representação cognitiva, quando se desenvolvem essas atividades, é o fato de os alunos descobrirem, aos poucos, que os signos são distintos das coisas, ou seja, a relação entre significante e significado. Essa compreensão é fundamental para entender a noção de legenda, que está presente quando os alunos leem uma imagem, a paisagem de um lugar, ou elaboram um mapa mental. Nesse caso, ao dissociar o nome do objeto, os alunos estão superando o realismo nominal[1] e concebendo o pensamento simbólico.

---

[1] Segundo Piaget (1926, p. 30), o realismo é, então, a ilusão antropocêntrica: "(...) na medida em que o pensamento não tomou consciência do eu, ele se expõe, efetivamente, às eternas confusões entre o objetivo e o subjetivo, entre o verdadeiro e o imediato (...)". É necessária a superação do realismo nominal para que a criança compreenda a relação entre significante e significado.

Variáveis retilíneas visuais: representações utilizadas para a comunicação

Aplicação	Pontual	Linear	Zonal
Forma ≡			
Tamanho ≠ O Q			
Orientação ≠ ≡			
Cor ≠ ≡	Uso das cores puras do espectro ou de suas combinações. Combinação das três cores primárias ciano, amarelo, magenta (tricomia).		
Valor ≠ O			
Granulação ≠ ≡ O			

Valor da percepção

≡ associativa   ≠ seletiva   O ordenada   Q quantitativa

Imagem extraída de: Joly, F. *A cartografia*, p. 15.

CAPÍTULO 2 A Linguagem e a Representação Cartográfica

Na superação do realismo nominal o significante comum a toda representação é constituído pela acomodação (imagens). O significado é dado pela assimilação que, incorporando o objeto a esquemas[2], fornece-lhes, por isso mesmo, uma significação. O realismo nominal é superado quando não há mais confusão entre o significante e o significado, e a legenda será compreendida porque traduz os signos utilizados para designar os fenômenos, lugares e objetos da realidade. No caso da cartografia, o significante está relacionado com o que a criança desenha, e o significado é o que ela pensa. Aos poucos, ela vai representando e criando seu próprio sistema de representação, iniciando o letramento cartográfico.

No processo de letramento geográfico, é importante que o professor desenvolva atividades que estimulem noções básicas de legenda e do alfabeto cartográfico, a partir de formas, símbolos, figuras geométricas, signos, cores, linhas, áreas, para possibilitar a leitura e a interpretação de mapas mentais e cartográficos; aos poucos, as crianças irão construir um quadro de variáveis visuais e relacionarão com as existentes nos mapas. Nesse caso, estarão aptas a ler e a compreender os mapas.

Nesse sentido, pode-se traçar um paralelo entre o processo que ocorre na língua portuguesa e na geografia. No caso da geografia, observamos que a criança vive em um espaço e é capaz muitas vezes de descrevê-lo, porém não consegue perceber as relações sociais existentes nesse espaço. Da mesma maneira que a criança lê por meio das figuras ou desenhos, na geografia a criança também "pode ler" as paisagens do espaço vivido. A leitura que a criança faz da paisagem está, sem dúvida, carregada de fatores culturais, psicológicos e ideológicos.

Para a língua portuguesa, ler não significa decifrar, assim como escrever não significa copiar. Para a geografia, descrever o espaço

---

[2] "O esquema, verdadeiro quadro assimilador que permite compreender a realidade à qual se aplica atribuindo-lhe significações, é a unidade básica do funcionamento cognitivo e, simultaneamente, o ingrediente elementar das formas de pensamento, desde as mais simples às mais complexas e elaboradas" (Piaget, 1926, p. 34).

não significa que a criança entenda toda a dinâmica que o constitui, e percebê-lo não significa que está apta a representá-lo.

A imagem percebida pela criança, o caminho que ela faz para casa até a praça ou supermercado ou, ainda, a escola, deve ter um valor para a orientação do espaço vivido, permitindo-lhe operar dentro do ambiente em que vive.

Todavia, ao desenhar, a criança está interiorizando a imagem do lugar, para, em seguida, reconstituí-la ao nível da representação. Para pensarmos a criança como elaboradora de mapas e leitora, é preciso dar-lhe condições no processo de aprendizagem, a fim de que ela se torne leitora da realidade, como podemos exemplificar a seguir:

> **Nei (15 anos; 8ª série)** – Poderíamos chamar o sol de lua e a lua de sol? – *Não.* – Por quê? – *Porque o sol aparece de dia e a lua, de noite.* – Poderíamos chamar a mesa de cadeira e a cadeira de mesa? – *Não.* – Por quê? – *Porque a mesa é um lugar onde comemos (e deve ser respeitado) e a cadeira é o lugar onde sentamos.* – Escreva três palavras grandes. – *Biblioteconomia, parlamentarista e confraternização.* – Escreva três palavras pequenas. – *Pé, mão, mãe.* – Qual a palavra maior, boi ou aranha? – *Aranha.* – Por quê? – *Porque tem três sílabas e boi tem somente uma.* – Qual a palavra menor, trem ou telefone? – *Trem.* – Por quê? – *Porque telefone tem quatro sílabas e trem, uma.* – Escreva duas palavras parecidas com a palavra bola. – *Rola, mola.* – Por que são parecidas? – *Porque são escritas quase do mesmo modo.* – Escreva duas palavras parecidas com a palavra espaço. – *Espada, espalha.* – Por que são parecidas? – *Porque são escritas quase do mesmo modo.*

Observando as respostas que foram dadas pela aluna, vê-se pelas duas primeiras perguntas que ela concebe os nomes como pertencentes aos objetos, ainda confundindo o significante com o significado.

> **Pat (13 anos; 8ª série)** – Poderíamos chamar o sol de lua e a lua de sol? – *Não.* – Por quê? – *Porque o sol aparece de dia e a lua, de noite, mas pode acontecer da lua aparecer de dia.* – Poderíamos chamar a mesa de cadeira e a cadeira de mesa? – *Não.* – Por quê? – *Porque a mesa a gente coloca os objetos, e a cadeira é para sentar.*

CAPÍTULO 2 A Linguagem e a Representação Cartográfica

– Escreva três palavras grandes. – *Datilógrafo, liquidificador, abundância.* – Escreva três palavras pequenas. – *Mala, mico, moda.* – Qual a palavra maior, boi ou aranha? – *A palavra maior é boi.* – Por quê? – *Porque o boi é grande e a aranha é pequena.* – Qual a palavra menor, trem ou telefone? – *A palavra menor é telefone.* – Por quê? – *Porque telefone é pequeno e o trem é grande.* – Escreva duas palavras parecidas com a palavra bola. – *Bolo, bexiga.* – Por quê são parecidas? – *Porque o bolo é redondo e a bola é redonda e a bexiga também.* – Escreva duas palavras parecidas com a palavra espaço. – *Espaçoso, espacinho.* – Por que são parecidas? – *Porque tem espaço grande e tem espaço pequeno.*

Esses exemplos podem nos dar pistas para entender o processo de aprendizagem da criança. Neles, as crianças já deveriam ter superado o realismo nominal. Por isso, é importante elaborar um diagnóstico no início das aulas para ter conhecimento sobre o que o aluno já sabe ou quais são suas dificuldades e para reorganizar os planos de aulas.

Raf (11 anos; 5ª série) – Poderíamos chamar o sol de lua e a lua de sol? – *Sim.* – Por quê? – *Cada objeto tem um nome qualquer.* – Poderíamos chamar a mesa de cadeira e a cadeira de mesa? – *Sim.* – Por quê? – *O mesmo.* – Escreva três palavras grandes. – *Borracheiro, artrópode, platelmintes.* – Escreva três palavras pequenas. – *Oba, óleo, olho.* – Qual a palavra maior, boi ou aranha? – *Boi.* – Por quê? – *Apresenta mais sílabas.* – Qual a palavra menor, trem ou telefone? – *Trem.* – Por quê? – *O mesmo.* – Escreva duas palavras parecidas com a palavra bola. – *Bala, coca.* – Por que são parecidas? – *Porque só têm uma letra diferente.* – Escreva duas palavras parecidas com a palavra espaço. – *Espaçonave.* – Por que são parecidas? – *Porque tem sílabas parecidas.*

A partir desses exemplos, devemos refletir sobre a necessidade de considerar o processo de ensino e de aprendizagem da criança. Isso significa levar em conta a capacidade leitora e o modo como a criança associa o nome e o objeto. A percepção da criança quanto ao significado das palavras e à relação com os objetos é de fundamental importância para que ela possa compreender o sentido e os símbolos que as palavras representam.

As respostas dadas pelas crianças às questões anteriores já deveriam ter sido superadas, por volta dos 8 anos e, com certeza, entre os 10 e 12 anos. No entanto, ainda encontramos crianças com falta de entendimento textual.

Ao relacionarmos o processo da alfabetização em língua portuguesa com o da geografia, entendemos que o processo de aprendizagem é o mesmo. As questões relativas às habilidades de pensamento colocadas para a criança se norteiam pelos mesmos princípios. Quando a criança faz a representação de seu corpo, por exemplo, ou de algum objeto, ela poderá dar um significado que nem sempre o desenho tem. Isso poderá ocorrer também na escrita. Muitas vezes, um rabisco representa uma palavra ou um nome.

Para as crianças, os nomes estão nos sujeitos ou no objeto. Quando a criança ainda está no estágio em que confunde o nome com o objeto, dizemos que ela ainda não superou o realismo nominal. Essa não-superação deverá ser considerada no processo da aprendizagem, pois o nível do desafio proposto deverá estar adequado ao desenvolvimento cognitivo da criança, contribuindo para que haja continuidade na superação do artificialismo e do animismo – fases do realismo infantil. Na primeira, a criança dá vida aos fenômenos da natureza – por exemplo, quanto à origem dos astros. Na segunda, a vida é atribuída aos animais – por exemplo, o cachorro pensa e fala. Essas fases fazem parte do mundo do faz-de-conta, das brincadeiras de heróis e de casinha. Assim como o realismo nominal é superado, essas fases também o são.

Na fase chamada realismo nominal, trabalhamos com a criança o significante e o significado dos objetos analisados. Vejamos por que essas questões são importantes para a geografia ou para a leitura de mapas. Se a criança confunde o significante e o significado, como poderá entender a representação cartográfica pelas legendas, em que são utilizados símbolos para designar coisas, fenômenos, lugares, ou

CAPÍTULO 2   A Linguagem e a Representação Cartográfica

como perceberá o nível de detalhamento das cartas, mapas e plantas a ser analisados?

Esse é um aspecto do processo de aprendizagem na geografia escolar importante de os professores entenderem – a função da superação do realismo nominal, ou seja, a relação entre o significante e o significado na representação cartográfica – pois permite que as ações didáticas possam ser definidas a partir do pensamento das crianças. Analisando o processo de formação simbólica, vemos se o aluno tem condição de compreender os símbolos e signos de um mapa.

Para poder compreender a relação entre nome e objeto, a criança, ao ler, deve conhecer o significado dos signos e das palavras. Isso significa "saber ler" não só o que existe no lugar, mas os símbolos representados e identificados na leitura da legenda. Ao elaborar uma representação gráfica ou cartográfica, como um croqui ou uma planta, a criança dá sentido aos signos e os seleciona para organizar uma legenda e, então, agrupá-los por semelhanças e estabelecer a importância desses fenômenos, definindo uma hierarquia.

A escrita alfabética é a representação da linguagem falada e pressupõe atividades cognitivas no processo de aquisição de conhecimento, a partir da qual a criança constrói ativamente o objeto e suas propriedades. A representação implica duplo jogo de assimilação e acomodação[3], que ocupa toda a primeira infância. A assimilação e a acomodação constituem dois polos da equilibração do pensamento da criança,

---

[3] Podemos dizer que assimilação é criar o objeto pela interpretação. Pela ação, criamos coisas e a acomodação nos lembra que as coisas devem ser descobertas. Precisa-se criar (assimilação) para haver acomodação. Um exemplo simples: descobre-se, na medida que inventa, e inventa, na medida que descobre. O conteúdo explorado pede acomodação. Segundo C. Coll "(...) a assimilação dos objetos ao conjunto organizado de ações encontra resistências e provoca desajustes. Esses desajustes vão ser compensados por uma reorganização das ações, por uma acomodação do esquema". COLL, C.; GILLEÈRON, C. Jean Piaget: O desenvolvimento da inteligência e a construção do pensamento racional. In: LEITE, L. B. (org.) *Piaget e a Escola de Genebra*. São Paulo: Cortez, 1992. p. 36.

isto é, equilibração é a relação entre assimilação e a acomodação e constitui-se um dos aspectos centrais da psicologia genética.

Desse modo, a geografia escolar, ao utilizar a linguagem cartográfica como metodologia para a construção do conhecimento geográfico, lança mão desses fundamentos – como dominar as noções de conservação de quantidade, volume e peso, superar o realismo nominal e compreender as relações espaciais topológicas, projetivas e euclidianas – para estruturar um esquema de ação, na medida em que ajudará a criança na construção progressiva das relações espaciais tanto no plano perceptivo quanto no plano representativo, sendo que neste a criança já adquiriu a linguagem e a representação figurada, isto é, a função simbólica em geral. Assim, isso contribuirá para que ela leia e elabore mapas cognitivos e qualquer outro tipo de mapa.

A cartografia é considerada uma linguagem, um sistema de código de comunicação imprescindível em todas as esferas da aprendizagem em geografia, articulando fatos, conceitos e sistemas conceituais que permitem ler e escrever as características do território.

Nesse contexto, a cartografia escolar é uma opção metodológica, o que implica utilizá-la em todos os conteúdos da geografia, para não apenas identificar e conhecer a localização, mas entender as relações entre os países, os conflitos e a ocupação do espaço, a partir da interpretação e leitura de códigos específicos da cartografia.

O mapa mental é o início desse percurso metodológico, pois permite o estudo do lugar de vivência e, ao mesmo tempo auxilia na leitura de um mapa. Esses mapas incluem categorias abstratas de elementos que fazem parte da paisagem e do ambiente, como os trajetos e os pontos de referência, e esses elementos possuem uma relação hierárquica de inclusão de classes. Essas categorias estão relacionadas com o conhecimento do lugar, ou seja, reconhecer o lugar dos objetos e fenômenos que estão sendo representados.

O mapa mental contribui para a criança entender o lugar em que vive, a distância entre os lugares, a direção que se deve tomar. A distância entre os lugares faz parte do processo de relação espacial que o mapa representa e do processo de comparar as distâncias existentes no mapa e na realidade.

Do ponto de vista do pensamento simbólico representacional, o processo ocorre passo a passo quando, por exemplo, a criança, colocada em situações de aprendizagem mediadas pelo professor, compreende a função dos símbolos e dos signos criados socialmente, como a linguagem ou, no caso da geografia, a linguagem dos mapas. A cartografia escolar tem esse papel, ao trabalhar com as formas geométricas, as cores e outros signos, criando condições para identificar símbolos que representam fenômenos geográficos e organizar legendas.

Outra possibilidade de incorporar a dimensão cognitiva é a representação de um trajeto (mapa cognitivo ou mental) ou a leitura de um mapa temático. Trata-se de ações em que a criança interage com os conceitos de área, tamanho e distância, organizando o pensamento na perspectiva da construção do conceito de escala e da noção de proporção. Para a elaboração desses trajetos mentais, a criança utiliza a noção de proporção, empregando pés ou passos como referência de medida, com o objetivo de encontrar um determinado objeto ou mensagem. Faz parte da elaboração de mapas escolher e hierarquizar os fenômenos representados, sendo necessário selecionar, agrupar e classificar os símbolos que serão utilizados na legenda.

A legenda é um sistema de símbolos e signos utilizados para representar os fenômenos de um lugar. Todos os mapas temáticos – como os de clima, desmatamento, uso do solo, população, fluxo migratório, recursos hídricos, entre outros – podem conter legendas cujos fenômenos foram hierarquizados pelas tonalidades estabelecidas pelo cartógrafo.

Quanto à escala, não se avalia apenas a relação de tamanho do desenho, comparando o real à representação. Verifica-se nos desenhos a continuidade ou descontinuidade da área representada; a separação dos lugares, por exemplo, indica que eles estão isolados, embora façam parte de um conjunto, isto é, um é distinto do outro, dando a impressão de que a criança está na fase da incapacidade sintética quanto às relações topológicas. Essas formas de representar os lugares se materializam quando se solicita às crianças que façam a planta da escola, o trajeto e a planta da casa, onde essa separação é nítida: falta à criança a capacidade para sistematizar o lugar vivenciado, como se, na memória, esse lugar aparecesse fragmentado, apesar de, em sua imagem perceptiva, haver uma visão de continuidade espacial.

Para que a criança inicie seu processo de construção do conceito de escala, é necessário que ela seja estimulada a perceber, no espaço vivido, as relações topológicas elementares, como separação, ordem e sucessão, proximidade e continuidade das linhas e superfícies. Nesse processo, tanto os aspectos cognitivos como a aprendizagem desempenham um papel importante.

Pela comparação que a criança faz entre objetos ou pessoas do mesmo tamanho e de tamanhos diferentes, tendo que utilizar a memória na representação do trajeto ou nas plantas – nas quais existe uma relação entre o espaço físico e imagem –, pode-se perceber se ela possui uma noção de proporcionalidade, assim como uma noção de continuidade, de área e de linha. À medida que a criança percebe, até mesmo em situações concretas, ainda que utilizando a memória para isso, ela pode ser colocada em situações que a levem a atingir níveis cada vez mais elaborados de noções como proporção e área, além de habilidades operatórias de comparar tamanhos e áreas diferentes, quantificar os fenômenos e classificá-los e hierarquizá-los. Essas situações contribuirão para a construção do conceito de escala.

No entanto, só por volta dos 8-9 anos de idade a noção de proporcionalidade vai se constituir e, paralelamente à noção de proporção, vão se estruturar a largura e o comprimento, implicando a noção de medida, que tem relação com o espaço euclidiano. Mesmo por volta dos 10 anos, em muitos casos, as crianças podem apresentar dificuldades com esse conceito. Isso não é normativo; depende do nível de estimulação cognitiva da criança.

A construção das noções consideradas elementares para a alfabetização cartográfica – no caso, a proporção – deve ser explorada desde a pré-escola.

CAPÍTULO 2 A Linguagem e a Representação Cartográfica

Ao tratarmos do ensino de geografia, analisamos o papel da cartografia no processo de aprendizagem. Para compreender as relações existentes no lugar de vivência, é imprescindível que a criança desenvolva a capacidade de ler o mundo e o raciocínio geográfico para que possa, também, ler e elaborar mapas.

Nesse sentido, o que se deve esperar do aluno, ao atingir o nível fundamental II, é que consiga identificar alguns conceitos cartográficos, como, por exemplo, visão vertical e oblíqua (relativa à maneira como se observa um objeto de cima para o lado ou de cima para baixo); proporções entre objetos e noções de escala, legenda e orientação. Dessa forma, o aluno conseguirá apreender o saber geográfico lendo mapas, comparando os fenômenos representados com os atuais no cotidiano e reconhecendo caminhos e trajetos que o auxiliarão a ampliar seus conhecimentos, como, por exemplo, identificar e localizar o lugar de vivência por meio de desenhos da *rua, escola, moradia e outros não tão próximos. Para isso, é necessário que o aluno desenvolva a habilidade de ler o mapa e saiba elaborá-lo*, mas é importante que as ações didáticas o motivem a pensar sobre as noções e conceitos, relacionando as situações da vida cotidiana com o conhecimento científico.

Bibliografia

Parte deste capítulo foi publicada no Caderno Cedes em 1996, e faz referência à pesquisa desenvolvida na tese de mestrado defendida em 1990.

BERTIN, J. *Semiologie graphique*. Paris-La Haye: Mouton Gauthiers-Villars, 1967.

CASTELLAR, S. M. V. A percepção do espaço e a distinção entre o objeto e seu nome. In: RUFINO, Sonia M. V. Castellar. (org.) Ensino de geografia. *Cadernos Cedes*, n. 39, p. 88-96, dezembro de 1996.

GIRARDI, G. *A cartografia e os mitos:* ensaios de leitura de mapas. São Paulo, 1997. Dissertação de Mestrado, Departamento de Geografia, Universidade de São Paulo.

JOLY, F. *A cartografia*. Campinas: Papirus, 1990.

KOLACNY, A. Cartographic information: a fundamental concept and term in modern cartography. *Canadian Cartographer. Cartographica: the nature of cartographic communication*. v. 14, p. 39-45, 1977.

OLIVEIRA, L. *Estudo metodológico e cognitivo do mapa*. São Paulo: Instituto de Geografia, Universidade de São Paulo, 1978.

PAGANELLI, T. A noção de espaço e tempo – o mapa e o gráfico. *Revista de Orientação*. n. 6, p. 21-38, 1985.

PIAGET, J. *A representação do mundo na criança*. Rio de Janeiro: Record, 1926.

SIMIELLI, M. E. *Cartografia e ensino*: proposta e contraponto de uma obra didática. São Paulo, 1996. Tese de Livre-Docência, Departamento de Geografia, Universidade de São Paulo.

SIMIELLI, M. E. *O mapa como meio de comunicação*: implicações no ensino de geografia do 1º grau. São Paulo, 1986. Tese de Doutorado, Departamento de Geografia, Universidade de São Paulo.

CAPÍTULO 3
Jogos, brincadeiras e resolução de problemas

Ao tratarmos da educação geográfica, queremos que os alunos saibam articular as informações, analisá-las, relacioná-las para que, de fato, possam entender o que acontece no mundo.

Quanto ao processo de aprendizagem, o que nos vem à mente, imediatamente, é a atividade que será aplicada. Aprender é mais que saber fazer algo, é mais que um conjunto de atividades; é um processo de mão dupla, pois pode explicar tanto a eficácia quanto a ineficácia de uma aprendizagem, o que nos permite rever nossas ações e aprimorá-las. Ela deve ser entendida como um processo de aquisição do conhecimento e também como teoria que auxilia na forma de ensinar, ou como um método para criar condições para o aluno aprender um determinado tema ou conteúdo.

Tudo isso pode não ser um caminho muito fácil. O professor, portanto, precisa analisar constantemente suas intenções e os materiais didáticos, ressaltando os novos aspectos e, ao mesmo tempo, observando se está havendo aprendizagem ou não. O ensino associado ao cotidiano implica pensar, sentir e atuar aspectos que, integrados, conseguem uma aprendizagem significativa, na qual o aluno se sente sujeito de seu próprio aprendizado. Nesse contexto, poderemos perguntar: Qual será o impacto no ensino e na aprendizagem?

Será preciso avaliar como integramos os conteúdos às metodologias do ensino.

Atualmente, é difícil imaginar uma aula de geografia sem mapas, documentos, fotografias e também jogos. Os materiais à disposição são muitos e, por isso, é preciso ter clareza acerca dos objetivos das aulas para definir adequadamente o material didático que será utilizado e o encaminhamento das atividades que serão propostas aos alunos. A organização das aulas, a partir do planejamento, pode auxiliar o professor a desenvolver o conteúdo de uma maneira mais significativa. Para isso, é importante estabelecer parâmetros ou critérios de seleção em relação aos materiais utilizados, de acordo com os objetivos dos conteúdos.

Os jogos e as brincadeiras são situações de aprendizagem que propiciam a interação entre alunos e entre alunos e professor, estimulam a cooperação, contribuem também para o processo contínuo de descentração, auxiliando na superação do egocentrismo infantil, ao mesmo tempo em que ajudam na formação de conceitos. Isso significa que eles atuam no campo cognitivo, afetivo, psicomotor e atitudinal. Eles permitem integrar as representações sociais adquiridas pela observação da realidade e dos percursos percorridos no jogo. Podemos afirmar que os jogos auxiliam a aprender a pensar e a pensar sobre o espaço em que se vive.

A relevância de se trabalhar nesta perspectiva como didática da educação geográfica é grande, na medida em que auxilia o desenvolvimento intelectual do aluno, que, aprendendo melhor, vivencia as atividades e é colocado em situação de desafio, organizando esquemas e raciocinando sobre o conteúdo em questão.

A utilização dessas atividades possibilita a inclusão dos alunos que têm dificuldade de aprendizagem, pois eles terão de pensar, analisar possibilidades de ação e criar estratégias, o que contribui para melhorar o raciocínio. Entretanto, exige que o professor organize os materiais, defina seus objetivos e planeje as aulas, o que implica ter capacidade de gestão da aula, resultando em uma análise prévia e

CAPÍTULO 3   Jogos, Brincadeiras e Resolução de Problemas

conhecimento dos alunos, dos percursos didáticos e do modo como os conteúdos serão articulados.

Os jogos e as brincadeiras são entendidos como uma situação em que se tem de tomar decisões e cooperar com os outros jogadores. Nesse momento, espera-se desenvolver situações de aprendizagem voltadas para as atitudes, focadas na formação cidadã e no respeito ao próximo.

Durante os jogos, as situações são precisas, estimulando o raciocínio e a tomada de decisão, o que contribui para melhorar a capacidade cognitiva do aluno. O papel dos jogos e das brincadeiras não é apenas entendê-los como uma origem da arte, mas como uma atividade com base genética comum, ou seja, "o jogo nada mais é do que a denominação usual da emergência visível de um traço psicológico profundo, a predominância da assimilação sobre a acomodação" (Brougère, 2003, p. 25). Por isso, entendemos que tanto os jogos como as brincadeiras são procedimentos de aprendizagem que devem ser trabalhados em sala de aula, sob a perspectiva de dar significado aos conteúdos.

Delimitar o significado do jogo é uma das primeiras etapas que o professor deve utilizar para essa metodologia. Por si, o jogo é um resultado de um exercício reflexivo sobre algo concreto no qual estão presentes sistemas de regras, condutas, valores, conceitos e identidade que fazem parte da cultura de uma determinada sociedade.

Os jogos e as brincadeiras são ações que integram os alunos e ampliam o mundo infantil e juvenil, estimulando as representações a partir da descontração e da fantasia. Para Piaget (*apud* Brougère, 2003, p. 85),

> o jogo é desenvolvimento da representação, da possibilidade de evocar, de manipular signos (criação de um instrumento indispensável ao desenvolvimento da inteligência). Enfim, a representação traduz o aparecimento do pensamento pré-conceitual: é a possibilidade de representar a realidade ausente, sair de uma inteligência sensório-motora para uma inteligência operatória.

Essas ideias mostram que, utilizando o jogo e as brincadeiras em sala de aula, estimulamos as atividades espontâneas dos alunos, permitindo o desenvolvimento das funções simbólicas da criança. Dessa forma, a função pedagógica do jogo pode ser usada para romper com práticas tradicionais no processo de ensino e de aprendizagem, uma vez que o professor consiga traçar etapas na construção e na produção do jogo.

Um dos fundamentos principais do jogo como atividade de ensino é criar e executar maneiras nas quais os alunos consigam chegar ao resultado final por meio de erros e acertos, conferindo o papel no desenvolvimento cognitivo. Isso pode ocorrer por meio de descrição, análise, associação e criação de situações que estimulem e levem ao entendimento de conteúdos e conceitos.

No contexto escolar, o professor, ao pensar o jogo, deve se perguntar como fará para que o aluno consiga associar os conceitos que são abstratos a algo concreto. Por isso, os jogos e as brincadeiras podem ser usados tanto para aprofundar como para iniciar um conceito. A questão que ressaltamos aqui não é apenas o que fazer, mas como fazer e como avaliar se, de fato, ocorreu a aprendizagem conceitual. Assim, os jogos e as brincadeiras têm funções epistemológicas (para se aprofundar ou mesmo aprender um conteúdo e utilizá-lo para solucionar um problema apresentado), interdisciplinares (pois os conhecimentos necessários para jogar podem estar relacionados) e contestatórias (quando as possíveis soluções dadas pelo grupo de alunos são confrontadas com outros conhecimentos adquiridos).

Ao mesmo tempo em que se exploram as construções do raciocínio, estão implícitas também as relações afetivas e de sociabilidade do jogo. Quanto ao desenvolvimento cognitivo, entendemos que o jogo contribui para estimular o sistema de símbolos que, no caso da geografia, se associa à linguagem cartográfica na aprendizagem da legenda. Quando contextualizado, esse procedimento é essencial para a tomada de consciência, a qual auxiliará no desenvolvimento cognitivo. Nesse sentido, pensar o jogo como atividade didática é ampliar o sentido dos objetivos de aprendizagem e avaliar o papel da pedagogia.

Macedo (2000) sugere que, no trabalho com jogos, como em qualquer outra atividade escolar, deve haver uma sequência lógica, uma organização de objetivo, público-alvo, atividade, material, tempo, espaço, dinâmica, papel do adulto, a proximidade com o conteúdo e a avaliação da proposta. Ao se propor um jogo em uma sequência didática, é importante retomar os objetivos e avaliar a continuidade do trabalho.

Entre as principais características do trabalho com jogos, podemos citar:

1. **Objetivos** – para direcionar o trabalho e dar significado às atividades – a questão relativa a O QUÊ;
2. **Público** – os sujeitos aos quais essa proposta se destina, em termos de faixa etária e número de participantes – a questão relativa a PARA QUEM;
3. **Materiais** – organizar, separar e produzir previamente o material para a realização da atividade ajuda no trabalho para saber o tipo de material a ser utilizado – a questão relativa a COM O QUÊ;
4. **Adaptações** – saber programar, apresentar situações mais desafiadoras, utilizar materiais concretos e outros – a questão relativa a DE QUE MODO;
5. **Tempo** – considerar o tempo utilizado para o jogo – a questão relativa a QUANDO e QUANTO;
6. **Espaço** – saber o local em que a atividade será desenvolvida e prepará-lo – a questão relativa ao ONDE;
7. **Dinâmica** – procedimentos a ser utilizados para desenvolvimento do projeto de trabalho – a questão relativa a COMO;
8. **Papel do adulto** – depende do teor da proposta e do fato de ser uma situação individual ou em grupo – a questão relativa a QUAL A FUNÇÃO;

9. **Proximidade a conteúdos** – na escolha do jogo, pode-se pensar nos aspectos relacionados aos conteúdos específicos – a questão relativa a QUAL O RECORTE;
10. **Avaliação da proposta** – previsão de um momento de análise crítica dos procedimentos adotados em relação aos resultados obtidos, a questão relativa a QUAL O IMPACTO PRODUZIDO;
11. **Continuidade** – estabelecer periodicidade que garanta a permanência do projeto de utilização dos jogos – as questões relativas a COMO CONTINUAR e O QUE FAZER DEPOIS.

Essas características são relevantes para a dinamização do que será realizado pelos alunos e orientado pelos professores, tendo em vista a busca por um trabalho organizado, bem estruturado e que direcione etapas de conhecimento do jogo, a fim de criar uma intencionalidade na realização das atividades e uma objetividade no jogar.

A realização do jogo na disciplina possibilita a construção de habilidades que auxiliarão na produção lógica do conhecimento, permitindo a associação com outros conteúdos e dinamizando a aula, uma vez que os alunos gostam de jogar, de realizar uma atividade diferenciada.

Organizar uma sequência didática na qual o jogo faça parte auxiliará a construção do raciocínio lógico do aluno, pois estimula habilidades importantes no processo de sua vida até chegar à adolescência, como: tentar, observar, analisar, conjecturar e verificar, compondo um conjunto de ações que, sem dúvida, contribuirá para desenvolver o pensamento do aluno. O raciocínio lógico quando estimulado e, considerando, a dimensão cultural e cognitiva do aluno se torna cada vez mais complexa, possibilitando o processo de aprendizagem mais significativo.

Algumas atividades com jogos já são bem utilizadas na educação geográfica, como a batalha naval (em que a compreensão das coordenadas geográficas – latitude, longitude – é importante para executar o jogo), as damas (que ajudam a entender a localização à direita, à esquerda, à frente, atrás, e o domínio territorial), o jogo de botão (em que podem-se explorar as noções espaciais topológicas, euclidianas

CAPÍTULO 3 Jogos, Brincadeiras e Resolução de Problemas

e projetivas) e os jogos de estratégias, que podem auxiliar na construção dos conceitos geográficos de território, poder, sociedade, lugar e região, a partir de objetivos definidos para os jogadores.

Além dos jogos e das brincadeiras, é possível desenvolver atividades por meio de **situações-problema**, que estimulam o raciocínio do aluno para que ele possa compreender conceitos e proposições e conduzir estratégias para analisá-los e associá-los aos dados da realidade. As situações-problema podem ser entendidas como questões que necessitam de um método que auxilie o aluno a tornar-se competente nas suas ações. No entanto, assim como em situações da vida cotidiana, o aluno não pode entender que há apenas um único caminho, uma única resposta para resolver os problemas. Ele precisa considerar que, ao raciocinar sobre um problema, promoverá autonomia para resolver situações no dia-a-dia.

Para estabelecer uma situação-problema, é importante definir as formas de implementar e os critérios para resolvê-las. Se o aluno souber apenas os meios de obter a resposta, terá uma visão equivocada do próprio pensamento científico, e não ocorrerá a aprendizagem, mas a apreensão e a memorização de conteúdos. Para superar a mecanização das aulas, uma de nossas propostas é gerar no aluno uma atitude mais investigativa: a de procurar respostas para as perguntas a partir de situações do cotidiano, articulando o conhecimento formal escolar com a realidade e propondo novos questionamentos.

A metodologia do ensino possui vários caminhos pedagógicos, e a **resolução de problemas** é um deles. As situações-problema, que abordamos anteriormente, fazem parte da metodologia da resolução de problemas. Por meio dela, podem-se criar algumas situações que estimulem o aluno a pensar várias hipóteses, razões ou dúvidas em relação ao objeto estudado, fazendo com que o professor tenha de questionar, direcionando o processo dessa aprendizagem para que o aluno assuma uma postura crítica ante o problema exposto.

Uma maneira de organizar um modelo didático para trabalhar com a resolução de problemas pode ser a apresentada por Leite e Afonso (2001, p. 256-257), veja no quadro a seguir.

1ª FASE	2ª FASE	3ª FASE	4ª FASE
SELEÇÃO DE CONTEXTO	**FORMULAÇÃO DO PROBLEMA**	**RESOLUÇÃO DO PROBLEMA**	**SÍNTESE E AVALIAÇÃO DO PROCESSO**
Sabendo quais os problemas que pretende abordar ou após identificar os conteúdos que quer lecionar, o professor escolhe pelo menos um contexto problemático que permita abordar os conceitos selecionados.	Desenvolve-se a partir do trabalho dos alunos sobre o contexto problemático selecionado pelo professor, que desempenha apenas o papel de orientador do processo. A partir da análise do contexto problemático, os alunos devem explicar os problemas e questões que este lhes suscita, cabendo ao professor a tarefa de promover as explicações sobre os problemas formulados e, em seguida, selecionar as questões mais relevantes apresentadas pelos alunos.	É uma fase que pode ser mais longa. O professor orienta o trabalho, mas são os alunos que precisam resolver o problema. Os alunos terão de interpretá-lo, planejar a sua resolução, implementar as estratégias de resolução planejadas, obter soluções e avaliá-las. Durante esse processo, os alunos devem ter acesso a material para a pesquisa, e o professor deve assegurar as informações necessárias sobre os conteúdos e a localização dessas informações.	Etapa realizada em conjunto com o professor para verificar todos os problemas enfrentados e como foram resolvidos, com uma síntese final dos conhecimentos conceituais, procedimentais e atitudinais obtidos. Em seguida, deve-se fazer uma avaliação do processo.

CAPÍTULO 3 Jogos, Brincadeiras e Resolução de Problemas

Desenvolver uma atividade didática cujo foco é a resolução de problemas, como afirmam Leite e Afonso (2001, p. 256), significa entendê-lo como uma estratégia de ensino que mais dá importância aos conhecimentos dos alunos, na medida em que dificilmente a solução de um problema é descoberta por acaso, mas antes exige a concretização de um processo planificado, com base em conhecimentos prévios, conceituais e procedimentais, e em novos conhecimentos, identificados como relevantes e necessários para a resolução da questão.

Portanto, ao vivenciar situações-problema e confrontá-las, os alunos têm estímulos para organizar seus pensamentos, comparar hipóteses e rever suas ideias. É importante ainda que o aluno disponha de elementos para resolver essas situações-problema e que não se criem inseguranças e barreiras que tornem impossível a resolução das questões propostas.

Assim, o verdadeiro objetivo da aprendizagem com base na resolução de problemas é fazer com que o aluno adquira o hábito de propor problemas e resolvê-los como forma de aprender, pois tanto a utilização de estratégias como a tomada de decisões contribuem para que ele desenvolva o raciocínio e possa transferir conhecimentos para diferentes situações do cotidiano. Cada vez que o aluno se deparar com uma situação nova, representará um novo esquema de pensamento, melhorando a sua autoestima no processo de aprendizagem.

Ao término do trabalho, é fundamental que as questões iniciais sejam retomadas e os resultados sejam avaliados. Dessa forma, será possível saber os caminhos e os argumentos utilizados pelos alunos para chegar à solução dos problemas.

Desse modo, a organização de jogos e brincadeiras permitirá ao professor articular os conhecimentos para que direcione a atividade elaborada e veja assim o jogo em uma perspectiva educativa.

No processo de aprendizagem em geografia o jogo é parte dele, mas é importante que, ao jogar o aluno se aproprie dos conteúdos que estão sendo trabalhados. Quando o jogo é feito pelos próprios alunos, é possível perceber – no modo como eles formulam uma regra, uma pergunta, um desafio, um objetivo – qual conhecimento geográfico está presente e como o aluno está raciocinando sobre ele.

Ao solicitar ao aluno que elabore um jogo, utilizando os conteúdos, há um conjunto de ações que ele terá de executar, como, por exemplo:

- pesquisar as informações adequadas para o jogo escolhido (com regras, memória, estratégia etc.);
- analisar os problemas: organizar os dados, avaliá-los e produzir as informações;
- enunciar as propostas; redigir as informações ou os objetivos;
- organizar o tempo do jogo;
- construir os mapas, tabuleiros, peças etc;
- relacionar as informações.

As vantagens de trabalhar em sala de aula com essa proposta são grandes, na medida em que os alunos têm de se apropriar do significado dos conceitos, saber aplicá-los em situações do cotidiano e estabelecer relações entre o conteúdo e a realidade.

Quando ensinamos geografia, queremos que o aluno entenda a realidade e saiba agir em situações do cotidiano; contudo, causa-nos inquietação presenciar sistematicamente situações de aprendizagem que têm como objetivo central o acúmulo de informações sobre a realidade, sem se importar com a análise correspondente. A ação docente não deve estar a serviço da execução de programas escolares, como afirma Riveira (2007). O motivo para não se revisar o modelo pedagógico é que ele propõe objetividade no ato de ensinar, que obedece a um mecanismo e linearidade na execução do plano de aula.

Uma das tarefas que o professor realiza é formular seus planos de aula com objetivos conceituais e procedimentais, o que implica ter de estabelecer a organização do conjunto de atividades, os critérios de avaliação e o produto final esperado das atividades. Portanto, quaisquer que sejam os objetivos, eles são apenas os pontos de partida para o percurso da aprendizagem.

CAPÍTULO 3 Jogos, Brincadeiras e Resolução de Problemas

A seguir, apresentaremos propostas que se baseiam no uso de jogos por meio da resolução de problemas e que poderão contribuir em nossa discussão.

Proposta 1: Um problema para ser resolvido

O problema

A produção agrícola está diminuindo na propriedade de Manuel. Manuel é um pequeno agricultor e proprietário de terra e vive com a sua família no estado de Pernambuco. A produção de Manuel é comercializada no mercado interno. Ele tem de tomar algumas decisões. Vamos pensar e ajudá-lo a buscar soluções para o seu problema.

Contextualização do problema

A partir de 1970, houve um grande incentivo do governo brasileiro às culturas destinadas à exportação; vários lugares foram ocupados pela soja; em outras regiões, a produção que se destacou foi a da cana-de-açúcar. Ambas são cultivadas em grandes propriedades e requerem pouca mão-de-obra, pois a produção é mecanizada.
   Devido a esses incentivos, muitos pequenos agricultores deixaram de plantar suas culturas de subsistência e passaram a se dedicar ao cultivo de soja ou cana-de-açúcar. Apesar dos incentivos, vários proprietários de terra acabaram fracassando, pois não possuíam solos propícios ou não conheciam as técnicas adequadas para esse tipo de cultivo.

O jogo dos produtores

Vamos apresentar um agricultor: Manuel, morador de Recife, em Pernambuco. Ele cultiva cana-de-açúcar. A partir dessa história, poderemos pensar em muitos outros produtores, parecidos com ele, que existem no Brasil.

Instruções

A classe será dividida em pequenos grupos.

Nesse jogo, cada grupo deverá decidir os passos que o produtor dará para ter êxito em sua produção agrícola.

Os participantes deverão inicialmente:

a) ler as suas histórias;
b) ler as instruções apresentadas pelo produtor, com as quais obterão as informações necessárias para resolver os seus problemas;
c) organizar o grupo para resolver os problemas propostos.

A história de Manuel

Manuel é produtor de cana-de-açúcar da região de Recife. Possui uma propriedade de 20 alqueires, localizada entre as maiores usinas da região. Nesse lugar, há outras fazendas semelhantes à sua. Todos esses pequenos proprietários vendem a cana aos grandes usineiros. Nas usinas a cana é transformada em açúcar.

Nessas pequenas propriedades, como a de Manuel, trabalham todos os membros da família e, na época do corte da cana, são contratados trabalhadores temporários.

Manuel, um fazendeiro cuidadoso e atento, tem notado que a sua produção vem caindo e que a qualidade da cana não é a mesma. Os usineiros também têm pago um preço menor pela cana, em função da queda da qualidade, pois o solo está ficando pobre em nutrientes.

No início do ano agrícola, Manuel comprou algumas ferramentas de que necessitava, consertou as cercas, arrumou as estradas para os caminhões chegarem até a fazenda e limpou o solo. No entanto, isso não garantiu a qualidade da cana.

Manuel calculou a quantia de dinheiro necessária para se manter durante todo o ano. Após planejar todas as tarefas, percebeu que tinha dinheiro suficiente. Pensou, então, "o que devo fazer?"

CAPÍTULO 3 Jogos, Brincadeiras e Resolução de Problemas

A situação de Manuel é semelhante à de outros fazendeiros do lugar.

Resolução do problema de Manuel

Orientação para os grupos

Após dividir a classe em três pequenos grupos, cada grupo escolherá uma sugestão, avaliando as possibilidades a favor e/ou contra.

Sugestões para resolver o problema de Manuel

No Brasil, o álcool é usado como combustível, o que tem aumentado a produção e o consumo de cana-de-açúcar. Algumas usinas têm oferecido um preço mais elevado pela cana do que outras. No entanto, a cana da propriedade tem perdido a qualidade e, por isso, tem recebido valor menor pela mesma quantidade.

- Uso de fertilizantes. Poderia ser uma forma de melhorar a qualidade das plantações e de obter maior rendimento da cana-de-açúcar, mas esse procedimento implica em um custo elevado e ainda pode poluir o solo.

Por outro lado, existe um grande risco, porque:

a) se houver muita oferta de cana, o preço cai;
b) se o clima sofrer muitas alterações (muita chuva ou seca), poderá ocorrer prejuízo;
c) o uso excessivo de fertilizantes, pode contaminar o solo e a água. Como utilizar os fertilizantes de modo adequado sem prejudicar a natureza?

- Então, Manuel pensou em vender a propriedade e se mudar para a cidade, mas desistiu dessa ideia. Ele quer continuar morando na propriedade.

Ensino de Geografia

Exemplo de uma atividade realizada com crianças da 4ª série.

O PROBLEMA DE MANUEL

Manuel é um agricultor. Ele planta de cana-de-açúcar em sua propriedade, que tem 20 hectares e fica próxima de uma das maiores usinas produtoras de açúcar de sua região. Por estar tão perto dessa usina, Manuel se vê obrigado a vender sua produção para ela, por falta de outras opções.

Mas Manuel tem notado que a sua produção diminuiu e piorou a qualidade, apesar dos seus cuidados. É que o solo vai ficando pobre em nutrientes com o passar dos anos.

Os ricos usineiros têm pago um valor cada vez menor pela cana que ele produz, devido a essa perda da qualidade.

Para tentar resolver o problema, Manuel conversou com sua família, seu vizinhos e com os agrônomos do governo, recebendo de cada um orientações bem diferentes.

Leia as orientações, pense bastante, converse com o seu grupo e ajude Manuel a fazer sua escolha.

ORIENTAÇÕES	PRÓS	CONTRAS
1ª) Vender sua produção de cana para a usina de álcool, apesar de ser mais distante, tem pago um preço melhor pela cana.	A usina de álcool paga melhor	Ele ter medo da a usina de açúcar não compra e a usina de álcool é mas longe e ele não tei dinheiro para ira
2ª) Recuperar o solo, usando adubos químicos (que são caros) e alugar um trator. Para isso ele teria que emprestar dinheiro do banco.	A boa e ele ganha mais cana de açúcar	Ele não tem dinheiro copra adubos
3ª) Se associar a uma cooperativa, onde os agricultores associados se ajudam uns aos outros. Mas a cooperativa da sua região está propondo que os associados deixem de plantar cana e está oferecendo mudas e sementes de outras culturas.	bom e que a cooperativa ajuda ele e que da mudas e sementes	o mais que ele não podra prata mudas e sementes
4ª) Vender a sua terra, pois há grandes fazendeiros interessados, e ele até poderia continuar a morar lá, mas trabalhando para eles.	Ele vai ganha dinheiro	o rui que ele não tei ote prata cana

Entretanto, ainda existem duas possibilidades:

- Os pequenos proprietários, como Manuel, podem se organizar e investir na qualidade das sementes e, para concorrer com os grandes produtores, podem organizar uma cooperativa.
- Solicitação de financiamento nos bancos para comprar melhores espécies de sementes; fertilizantes, para corrigir o solo, aumentarão a produção. Porém, existem custos.

Qual a atitude que Manuel deve tomar? Por quê?
Escolha uma possibilidade e discuta em grupo os prós e contras dessa situação.

Proposta 2: Jogo para ser elaborado pelos alunos

O objetivo é estudar o *contexto socioespacial* dos continentes por meio de um jogo. A ideia é que o professor forneça as orientações e o aluno organize e estruture o jogo com os colegas. Para iniciar as atividades pode-se começar com um jogo já estruturado, existente no mercado, e depois sugerir que os alunos, com base nos conceitos e conteúdos, elaborem os seus próprios jogos.

- Converse com os alunos sobre o tema que será trabalhado. Faça um levantamento prévio sobre o que os alunos já conhecem sobre o conteúdo e registre.
- Leia algum texto didático ou informativo para contextualizar o conteúdo no jogo.
- A partir do levantamento prévio, peça para os alunos elaborarem um mapa mental de um continente que contenha sete países.
- Peça para os alunos elaborarem, com base nas informações e conteúdos, uma lista com características dos países que serão colocados no mapa. As informações podem ser coletadas a partir de pesquisas orientadas.

Como exemplo, podemos sugerir as seguintes características:

a) países cuja população possui diferenças étnicas;
b) 4 países com características ambientais semelhantes às das florestas tropicais;
c) 3 países com diferenças ambientais: um semi-árido; um savana; um floresta temperada;
d) um país possui petróleo;
e) dois países são industriais;
f) três países são agrícolas;
g) um país tem indústria moveleira e automobilística;
h) quatro países com abundância em recursos hídricos; e
i) dois países ricos em bauxita e manganês.

Outras informações para elaborar o jogo:

PAÍS (criar os nomes)	ÁREA (em km²)	IDH
1	3.578.245	0,786
2	784.491	0,562
3	459.187	0,345
4	2.691.230	0,691
5	1.734.920	0,274
6	864.198	0,757
7	5.387.148	0,486

Informações que podem ser incorporadas ao jogo.

- Cada país deve ter um conjunto de características política, econômica, ambiental, cultural, étnica etc. Pode-se ainda utilizar algumas referências como recursos minerais; área agrícola e o tipo de agricultura; área industrial; áreas com problemas

ambientais; áreas com população preconceituosa; população rica e população pobre; área desértica; recursos hídricos, tipo de vegetação e relevo dos países.
- A população pode ser representada por características culturais diferentes: população nômade; ciganos; curdos; pescadores; extrativistas; população urbana; com questões religiosas acentuadas; xenófobos. A população deve ser distribuída pelos países, levando em conta as características econômicas e culturais. Os alunos podem pesquisar outras informações e acrescentar ou criar outras situações.
- Em seguida, podem-se apresentar alguns problemas que os países enfrentam ou que a sua população terá de enfrentar em função do processo de urbanização, como, por exemplo, desgaste do solo; falta de água; conflitos étnicos ou religiosos; crise econômica; pragas nas plantações; problemas sociais: migração ilegal; trabalho infantil e/ou escravo; seca etc.
- Para elaborar o quadro com as características dos países, pode-se recorrer também aos dados como IDH, quantidade de população economicamente ativa (PEA), população jovem, formação cultural dos povos, renda *per capita*, GINI, PIB do país, modernização da rede de informação e comunicação.

Orientação para elaboração

O trabalho será realizado em grupo. É importante fazer uma *pesquisa bibliográfica* e também utilizar o livro didático para ampliar as informações sobre países que sirvam de modelo para elaborar o jogo. *Fotos, tabelas, gráficos, textos jornalísticos* podem ser utilizados como referências para organizar um quadro com as informações.

Após a seleção das informações, definem-se as regras do jogo e os seus objetivos. A partir das regras e objetivos, sabe-se como será o jogo e o que fazer para ser o vencedor. Deve-se organizar a classe em grupos de cinco ou seis alunos, destinando um jogo para cada grupo. Na sistematização do tema, cada grupo poderá apresentá-lo e contar o que fez.

- Por exemplo, o objetivo pode ser: distribuir a população pelos países, levando em conta as características econômicas e socioculturais e os possíveis conflitos que podem ser gerados em função das diferenças entre as etnias, de acordo com a divisão territorial realizada. Ao localizar a população nos países é importante analisar as intervenções que podem ser feitas para amenizar os conflitos nas fronteiras, resolver os problemas econômicos, recuperar as áreas com problemas ambientais.

Essa atividade ampliará o conteúdo proposto e dará condições para o aluno pesquisar, elaborar problemas e buscar soluções, sistematizar as informações dos materiais didáticos. Durante a organização das informações, em um quadro, com os nomes dos países, os quais podem ser inventados pelos alunos, é interessante que haja coerência com a realidade e com o conteúdo estudado.

Proposta 3: Jogo de memória

- Solicite que os alunos façam as regras e criem as estratégias; por exemplo:

    a) Uma frase sobre a cidade ou o país, relacionada à foto de um lugar importante, ou uma frase relacionada a uma música, poesia ou crônica que sejam conhecidas; por exemplo, "Olha que coisa mais linda, mais cheia de graça...", música de Vinícius de Moraes que faz referência à cidade do Rio de Janeiro.

    b) O objetivo é formar um par, entre uma frase e uma foto ou uma característica e a imagem.

    c) Ao formar um par, o participante retira as cartelas e guarda-as consigo.

    d) Quando o participante acerta, continua jogando; quando erra, passa a vez ao outro. O jogo termina quando não houver mais cartelas sobre a mesa.

Proposta 4: Jogo de perguntas e respostas

Deixe-me dividir o tema em categorias:

a) lugar; cidade, campo ou país;
b) recursos naturais e impactos ambientais;
c) dados econômicos e populacionais;
d) etnias e formação territorial;
e) reconhecimento de mapas.

- Para preparar o jogo os alunos devem fazer várias cartelas com as perguntas e as respostas sobre as categorias, as quais devem se basear nas informações pesquisadas. E cada cartela, uma pergunta e a resposta.
- Para começar o jogo, os alunos devem decidir, por sorteio, quem iniciará a leitura das perguntas, que devem estar agrupadas em um monte ao lado. Quem ler a pergunta não pode respondê-la. Assim, em sentido horário, todos do grupo farão as perguntas.
- Após a leitura da pergunta, o aluno que souber a resposta levanta a mão e responde diante do grupo. Ganhará aquele que obtiver o maior número de respostas corretas. O jogo pode terminar em função do número de cartelas ou do tempo estipulado pelo grupo.

Proposta 5: Jogo com tabuleiro

Os alunos podem ainda criar um jogo de estratégia com tabuleiro, a partir das informações obtidas na pesquisa inicial. É importante deixá-los criar e, na medida em que estabeleçam as regras e o corpo do jogo, o conteúdo será estudado.

Independentemente da forma escolhida e por conta da variedade da utilização dos procedimentos, a sistematização do conteúdo deve ser feita em sala.

Pode-se dar uma aula expositiva, com esquemas na lousa retomando a pesquisa, as leituras, as informações para elaborar o jogo e o painel. *A aula expositiva* é fundamental nesse momento para que os alunos relacionem os conteúdos que foram desenvolvidos nas atividades propostas.

Também é possível encerrar o conteúdo com um painel de fotos ou um texto coletivo sobre o continente estudado. No entanto, não podemos nos esquecer da função do professor como mediador da produção do jogo e da apropriação dos conteúdos.

Ao tratarmos da metodologia do ensino, provocamos os professores a pensar sobre sua própria ação. As diversas propostas de procedimentos apresentadas aqui e as outras que existem têm como objetivo proporcionar ao aluno uma aprendizagem que faça sentido na sua vida, ou seja, uma aprendizagem que leve em conta o cotidiano. Para que isso ocorra é preciso uma organização da aula, um plano de aula em que o professor considere o que o aluno traz de experiências para que elas sejam articuladas com o conhecimento científico.

A ideia de que o desenvolvimento teórico do ensino da geografia é contraditório em relação ao observado em sala de aula deve ser superada, mas para isso precisamos ter cenários que nos façam acreditar que, mesmo lentamente, está havendo mudanças nas práticas docentes. A esse respeito, Rivera (2007) destaca que o docente esquiva-se reiteradamente das novidades teóricas e metodológicas, fortalecendo, assim, os argumentos resultantes de sua mera experiência escolar. Embora a experiência empírica tenha o seu valor, é necessário considerar os novos conhecimentos e as alternativas pedagógicas que são produtos da investigação da didática da geografia.

Bibliografia

ARSLAN, L.M.; IAVELBERG, R. *Ensino de arte*. Coleção Ideias em Ação. São Paulo: Thomson, Learning, 2006.

BROUGÈRE, G. *Jogo e educação*. Porto Alegre: ArtMed, 2003.

LEITE, L.; e AFONSO, A.S. Aprendizagem baseada em resolução de problemas: Características, organização e supervisão. XIV Congresso de Ensino de Ciências. Universidade do Minho. *Boletín das Ciências*, ano XIV, n. 48, novembro de 2001.

MACEDO, L.; PETTY, A.L.; PASSOS, N.C. *Aprender com jogos e situações problema*. Porto Alegre: ArtMed, 2000.

RIVERA, J.A.S. El pensamiento del professor de geografia y el cambio pedagógico en la enseñanza geografica. *Boletim Paulista de Geografia*, n. 86, 2007.

SACRAMENTO, A.C.R.; MORAES, J.V. Jogos e situações problemas no ensino de geografia. *Anais 9º Enpeg*, 2007.

CAPÍTULO 4
O uso de diferentes linguagens em sala de aula

Vivemos, hoje, bombardeados por um grande volume de informações esparsas, que nos chegam, sobretudo, pela mídia. As produções midiáticas impregnam o cotidiano, influenciam nossa percepção de espaço e tempo, os dados do nosso conhecimento e nossa visão de mundo. Elas modificam a nossa relação com o real. Esse envolvimento influencia as reflexões e os comportamentos, os modos de pensar e a aquisição de conhecimentos. Essas situações do cotidiano influenciam a dinâmica da escola e, consequentemente, da sala de aula, impondo outros ritmos e concepções do papel da escola e do professor.

Nestes últimos anos, os materiais à disposição dos professores de geografia estão cada vez mais variados e de fácil acesso. Ao utilizar os materiais didáticos, o professor deve ter domínio do uso que fará e também ser seletivo na organização da aula. Um dos recursos de que os professores fazem uso são as diferentes linguagens, na medida em que todos são responsáveis pela capacidade leitora e escritora do aluno e que há acesso aos textos via jornais, revistas científicas e internet.

É nesse contexto que as iniciativas dos professores não devem ficar restritas a um tipo de texto ou de linguagem. Se o objetivo das aulas, entre outros, é ampliar a capacidade crítica do aluno, é preciso propor situações em que ele possa confrontar ideias, questionar os fatos com argumentação e, ao mesmo tempo, facilitar-lhe o acesso aos vários gêneros de textos e de linguagens.

Nas aulas de geografia, podemos utilizar diversas propostas usando não apenas o *jornal*, mas outros gêneros *textuais, literatura, científico, audiovisual*, além da *linguagem cartográfica*. Ao utilizar qualquer uma dessas linguagens, propomos como objetivo o uso de diferentes gêneros textuais para estimular a capacidade leitora e possibilitar ao aluno a competência de criar seus próprios textos. Para a concretização desses objetivos, é importante conduzir a aula de maneira que haja emprego de técnicas de leitura e escrita, prever em que momento da aula se fará uso dos textos e quais os métodos utilizados para análises dos textos e relacioná-los com o uso social.

Nas atividades voltadas para a pesquisa, podemos lidar, ao mesmo tempo, com textos *científicos* e *jornalísticos*, na medida em que eles permitem a organização das informações coletadas. Quando as atividades de aprendizagem possibilitam ao aluno a sua aproximação com vários tipos de textos produzidos, isso o auxiliará a perceber a diferença no estilo da escrita e do uso que se faz do texto informativo de caráter jornalístico e um analítico com características científicas. A maneira como trabalhar com textos em aulas segue várias orientações metodológicas, como, por exemplo, iniciar o texto problematizando o título e, desse modo, ampliar o debate do tema que está sendo estudado na sala.

A ideia é que, ao trabalharmos com textos nas aulas de geografia, reforçamos o conceito de letramento, que também faz parte do acervo linguístico da educação geográfica, na medida em que desenvolvemos atividades utilizando vários gêneros textuais e, também, a cartografia como linguagem, além, é claro, do texto didático.

Sendo assim, como podemos utilizar um texto em sala de aula? Qualquer que seja o gênero, há algumas etapas que precisam ser seguidas:

CAPÍTULO 4 O Uso de Diferentes Linguagens em Sala de Aula

1. Iniciar a leitura "antes de ler", o que significa:
   a) explorar o título do texto;
   b) levantar hipóteses acerca do tema a partir do título;
   c) situar o autor (período em que vive ou viveu, escola literária, se é jornalista etc.).
2. Fazer uma leitura compartilhada ou em pequenos grupos para, em seguida, localizar as informações no texto, articulando a linguagem verbal e a visual.
3. Os artigos escolhidos devem ser adequados à faixa etária e ao tempo disponível para a realização da atividade.
4. Paralelamente à leitura e ao trabalho com jornais, é importante ressaltar ao aluno a necessidade de pesquisar e confrontar as informações com outros periódicos, jornais ou revistas semanais.
5. O texto deve suscitar perguntas e estimular a curiosidade para aprofundar o tema.

No caso do gênero jornalístico, pode-se conduzir o trabalho da seguinte maneira:

Após iniciar a leitura a partir do título, a próxima etapa é *conhecer o jornal*:

- Observe o jornal: nome do jornal; data; preço.
- Quais são as informações em destaque nas manchetes?
- Quais são os cadernos que compõem esse jornal?
- Quais são as pessoas responsáveis (jornalista, agência, editores, articulistas) pelas informações publicadas?
- Há encartes no jornal? Quais são?
- Que outras informações ou características podem ser observadas?

Explorando as manchetes e as notícias:

- Escreva a manchete principal.

- Além das notícias, há outras informações na primeira página do jornal?
- Compare notícias, opiniões ou editoriais. No caso da notícia que será trabalhada com os conteúdos, será importante ter vários jornais para comparar as análises e a forma como eles divulgam as informações.

Como atividade, pode-se solicitar ao aluno que faça uma resenha ou um resumo da matéria, antes de integrá-la ao conteúdo.

Procedimentos recomendados para o trabalho com o jornal:

- leitura cuidadosa das notícias, grifando as ideias principais de cada uma;
- relação das principais características do texto;
- elaboração de um quadro comparando a notícia de diferentes pontos de vista;
- elaboração de um resumo ou uma resenha;
- discussão em grupo dos resumos ou resenhas feitos em dupla ou individualmente;
- levantamento das informações e discussão sobre essas informações e o conteúdo;
- articulação e sistematização conceitual relativas aos conteúdos estudados.

Quando se utilizam artigos de jornais nas aulas, o impacto que essa atividade causa para a aprendizagem é muito estimulante, pois pode provocar uma série de perguntas por parte dos alunos. Ao organizar um conjunto de atividades, com o uso do jornal, convém conhecer as notícias e articulá-las aos conteúdos, porque nem sempre um artigo tem um vínculo direto com o conteúdo estudado. É preciso analisá-lo e articulá-lo com os objetivos propostos para que sua leitura seja uma atividade que auxilie na compreensão conceitual e da realidade. Cabe ressaltar que o fato de ser uma notícia de jornal não significa que tenha sentido para o aluno. Por isso, é importante explorar conjuntamente o conhecimento prévio do aluno e correlacioná-lo com os conteúdos.

Do ponto de vista da didática, ao se utilizar qualquer gênero de texto, é importante ensinar o aluno a compreender as informações, levando-o a selecionar os fatos, organizá-los, analisá-los e criticá-los.

Nesse sentido, os efeitos mais gerais do trabalho com diferentes linguagens na escola levarão o aluno a desenvolver operações e processos mentais que contribuem para a construção da competência leitora:

- identificar, isolar, relacionar, combinar, comparar, selecionar, classificar, ordenar;
- induzir e deduzir;
- levantar hipóteses e verificá-las;
- codificar, esquematizar;
- reproduzir, transformar, transpor conhecimentos, criar;
- conceituar;
- memorizar, replicar conhecimentos.

Mais diretamente ligadas às atividades da leitura de vários gêneros de textos e à produção de textos informativos e científicos, as seguintes atividades serão apreendidas pelos alunos:

- pesquisar, decodificar, levantar dados, fazer escolhas;
- organizar dados;
- ordenar ideias, comparar e comprovar;
- ligar um fato ao outro, hierarquizar, estabelecer relações de causa e efeito;
- argumentar e contra-argumentar.

E, no seu sentido mais geral:

- aprender a ler; aprender a escrever;
- aprender a transferir aprendizagens dos fatos gerais da sua vida cotidiana.

Há, porém, outras linguagens que devem estar presentes no trabalho em sala de aula, a fim de construir e utilizar os instrumentos adequados para a realização da pedagogia da escrita, como, por exemplo, a história em quadrinhos, o uso de documentos e a linguagem cartográfica.

Proposta 1: As concepções sobre os conceitos científicos

Nesta atividade, propomos que sejam analisados os enfoques que alguns jornais dão sobre os conceitos científicos.

Atividade:

1. Leia as notícias apresentadas anteriormente.
2. Em dupla, faça um quadro com os argumentos presentes em cada jornal sobre a opinião da população sobre o tema, a opinião dos cientistas e a opinião do jornal.
3. Leia novamente as informações presentes no quadro e diferencie o tratamento que cada uma dá ao tema.
4. Elabore um texto comentando a relação entre as notícias e a ideia de pesquisa científica e acesso à informação.

Proposta 2: A observação dos lugares e a análise sobre eles

Pesquise uma reportagem sobre uma viagem que alguém fez a algum lugar.

Atividade:

1. Faça uma leitura do artigo.
2. Liste as características que o jornalista apresenta sobre o lugar visitado.
3. Liste as palavras que o jornalista utilizou para tornar o texto interessante.

4. Em dupla, pense em algum lugar que vocês conhecem. Faça um texto sobre esse lugar, apresentando as qualidades e a necessidade de conhecê-lo.
5. Elabore um mapa que servirá como orientação para aqueles que desejem conhecer o lugar escolhido por vocês.

Proposta 3: O jornal como documento histórico

Pesquise:

a) uma reportagem sobre o 100 anos de Machado de Assis.
b) um texto do autor sobre a cidade do Rio de Janeiro.
c) artigo atual sobre a cidade do Rio de Janeiro.

Atividade:

1. Leia as reportagens.
2. Em grupo, faça um levantamento das informações que os textos apresentam.
3. A partir do que foi apresentado, elabore uma sequência de imagens sobre a cidade do Rio de Janeiro, mostrando sua evolução.
4. Faça um texto utilizando um dos artigos apresentados sobre a cidade do Rio de Janeiro e mostrando a necessidade de conhecer os clássicos da literatura brasileira.

Utilizando a história em quadrinhos

Na história em quadrinhos, há a possibilidade de ir além do trabalho com a leitura do texto apresentado. Para iniciar a leitura, chama-se a atenção para as imagens, o assunto tratado (título), o lugar em que as cenas se desenvolvem, o enredo e a estrutura da história. Esses são alguns enfoques, entre outros, que o professor pode destacar para desenvolver a atividade em sala.

As atividades desenvolvidas por meio da leitura de quadrinhos podem levar o aluno a questionar os conceitos geográficos ou os cartográficos. Esses momentos em sala de aula são bons para problematizar, propor uma pesquisa ou um debate. A linguagem dos quadrinhos auxilia também na formação de símbolos e na localização, por exemplo, explorando tanto o lugar em que ocorre a história quanto os símbolos utilizados pelo autor.

A história em quadrinhos que apresentaremos permite trabalhar com os conceitos de meio físico, sistema terra, ambiente, relevo, uso do solo, erosão, ou seja, permite discutir com os alunos a temática da influência do homem no meio físico e os impactos ambientais provocados pela ação humana. Ressaltamos que, quando ensinamos geografia, não há necessidade de separar a chamada geografia física da humana.

Assim, o professor tem em mãos a possibilidade de unir os conceitos entendidos teoricamente como não-antagônicos, mas muitas vezes trabalhados em sala separadamente. Por outro lado, o aluno tem a facilidade de verificar, na teoria, o que ele já observa na prática.

Outra forma de trabalhar as histórias é solicitar ao aluno que dê continuidade a elas ou reelabore o final ou, ainda, faça uma outra história com base nos conteúdos que estão sendo desenvolvidos. A história em quadrinhos, ou um outro gênero de texto, não é para ser uma atividade especial ou isolada. Ela pode ser concebida como uma atividade de aprendizagem que faz parte de uma sequência didática.

Ao elaborar uma outra história, há a necessidade de o professor tratar em sala das questões referentes à estrutura de uma história em quadrinhos:

- como elaborar o roteiro;
- usar os balões;
- na ilustração, chamar a atenção para a expressão dos rostos;
- organizar as sequências das imagens;
- perceber o enquadramento das imagens e a forma como são apresentadas (visão vertical, horizontal, frontal e oblíqua).

CAPÍTULO 4   O Uso de Diferentes Linguagens em Sala de Aula

Produção da história em quadrinhos, para criar as histórias em sala de aula

A elaboração de qualquer história em quadrinhos é precedida por um *storyboard*, ou seja, um roteiro que poderá ser usado em produções audiovisuais ou ser voltado para a própria história em quadrinhos. No roteiro, o elaborador pode definir o tipo de plano, a ser utilizado: geral, conjunto, americano, médio, *close-up* ou primeiro plano, *big close-up* ou *superclose*, plano de detalhe ou *extreme close-up*[1].

A seguir definimos cada plano:

- Plano geral: que enquadra uma pessoa, um objeto ou qualquer coisa dentro de uma paisagem.

FOTO: IKO/SHUTTERSTOCK

---
[1] Essas informações foram extraídas do material elaborado por Rosa Iavelberg e Luciana Mourão, produzido para o curso "Alfabetização e letramento: um compromisso de todas as áreas", para professores do fundamental II da Secretaria Municipal de São Paulo, em parceria com a Fafe-USP.

- Plano conjunto: que enquadra uma pessoa de corpo inteiro, revelando suas características físicas.

- Plano americano: que corta qualquer parte da pessoa acima do joelho e abaixo da cintura.

- Plano médio: que corta acima da cintura até a altura do peito.

- *Close-up*: mostra apenas os ombros e a cabeça da pessoa.

- *Big close-up*: mostra a cabeça da pessoa.

- Plano de detalhe: enquadra somente os detalhes.

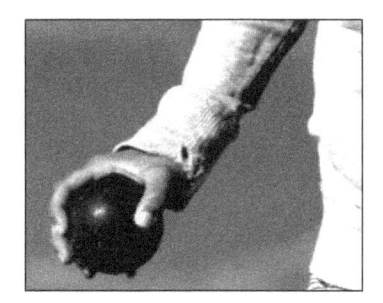

Essa atividade pode ser ampliada, caso se queira produzir um filme. A estrutura do *storyboard* é a mesma utilizada para o roteiro da história em quadrinhos. Nesse caso, o aluno poderá movimentar uma câmera, perceber a iluminação para a realização da filmagem, as cores. No entanto, faz parte da proposta didática discutir em sala a finalidade da história em quadrinhos, assim como a do filme e os efeitos no telespectador.

CAPÍTULO 4   O Uso de Diferentes Linguagens em Sala de Aula

Vamos ver um exemplo que foi criado para essa atividade:

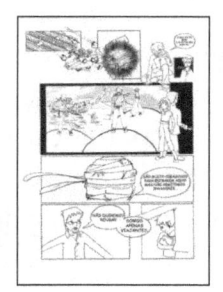

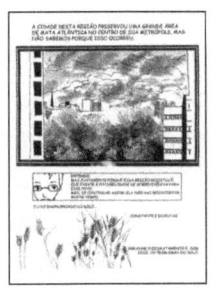

IMAGENS: ADRIANA OOKI

Coleção **Ideias em Ação**

77

O uso da história em quadrinhos em sala

Na história apresentada, o professor pede aos seus ajudantes que o auxiliem a encontrar, na internet, referências sobre a área atingida pelo processo de erosão. Fox, a personagem, encontra mapas antigos da área e, comparando-os com o mapa atual, consegue verificar as alterações ocorridas no lugar. Ao comparar os documentos e os mapas, o pesquisador terá de observar, descrever para, em seguida, confrontar as mudanças e as permanências do lugar em estudo. Esses procedimentos valem para as ações da sala de aula. Ao realizar esses procedimentos, o aluno está aprendendo a utilizar *fontes documentais* como referenciais para conhecer um lugar. A partir da história em quadrinhos pode-se compreender a importância de trabalhar com documentos, como os personagens fizeram.

Quando se utiliza esse procedimento em sala de aula, devem-se considerar o tipo de documento e os seus limites – por exemplo, se são fotografias, mapas ou plantas cartográficas, textos que datam de uma época ou descrições de viajantes – para que os objetivos desejados com os documentos sejam atingidos, como o de mobilizar e despertar o conhecimento para que o aluno se torne capaz de estabelecer inter-relações e expressar os seus argumentos diante de um fato ou um conceito.

Para isso, é necessário que o material esteja integrado à proposta de trabalho do professor, ou seja, que faça parte do conjunto de atividades que serão desenvolvidas em aula e tenha a função de ampliar o conhecimento, a aplicação dos conceitos no cotidiano, e não seja uma mera curiosidade ou um reforço da informação. Ao fazer uso desses recursos, o professor deve ter em mente os limites do corpo documental (as fotografias, as plantas cartográficas e os textos de viajantes) (Le Goff, 1996; Vidal, 1998; Smit, 1987; Silva, 1991) em uma atividade didática. Eles devem ser considerados parte do processo da metodologia do ensino que se está desenvolvendo.

Quando o professor se apropria de ações que elevam o conhecimento do aluno, contribui para que haja mudanças e compreensão dos conceitos, ou seja, para que o aluno estruture o conhecimento científico e supere o conhecimento cotidiano que ele possuía antes (Moniot, Triand, 1998).

Ao se trabalhar com o corpo documental, por exemplo, com relatos de memorialistas, deve-se:

- entendê-lo como o primeiro registro oficial escrito;
- compará-los com outras fontes documentais;
- observar a concepção de mundo que eles apresentam, os valores presentes, como foi realizado o registro.

Quando se trabalha com análise de fotografias, por exemplo, ela deve ser entendida como uma seleção segundo as crenças, objetivos e valores do próprio fotógrafo. Já as plantas cartográficas também indicam a escolha – segundo objetivos concretos do cartógrafo – de uma área para ser analisada e de alguns fenômenos que serão interpretados.

Le Goff (1996, p. 548) corrobora ao propor que se deve levar em consideração as diversas fontes documentais e afirma que

> o documento não é inócuo. É antes de mais nada o resultado de uma montagem, consciente ou inconsciente, da história, da época, da sociedade que o produziu, mas também das épocas sucessivas durante as quais continuou a viver, talvez esquecido, durante as quais continuou a ser manipulado, ainda que pelo silêncio.

Quando se reconhecem os limites do uso desse recurso, pelo fato de enfatizar apenas uma entre diversas outras possibilidades de análise, há então a necessidade de trabalhar com outros recursos pedagógicos que conduzam à compreensão do conceito científico que se propõe estudar. A utilização de fotografias, por exemplo, deve ter um uso além de ilustrar o tema que está sendo enfocado; os textos de memorialistas devem ser utilizados pelos alunos não apenas como mais um conto ou uma história entre diversas outras que não se sabe porque foram selecionadas; a utilização de plantas cartográficas deve ter um objetivo, além de permitir visualizar que a cidade cresceu ou estagnou.

No caso da história em quadrinhos, quando Fox relaciona seu conhecimento sobre a área atingida pela erosão com o uso dos mapas antigos (considerados documentos ou fontes documentais) do lugar, o conteúdo estudado faz sentido, ganha significado, porque relaciona o uso do documento à explicação de um fenômeno do cotidiano.

Atividades de aprendizagem que integrem conceitos, como é o caso da história em quadrinhos, implicam definir os níveis de entendimento que os alunos têm dos conceitos e o modo como estão organizados do ponto de vista do raciocínio deles. Estabelecer conexões com a realidade irá auxiliar a construção de qualquer conceito, como ocorreu com Fox. No caso da aula, o aluno estabelecerá conexões com o entorno dos lugares de vivência.

Nesse sentido, Charlot (2000, p. 78) esclarece que

> o mundo é dado ao homem somente através do que ele percebe, imagina, pensa desse mundo, através do que ele deseja, do que sente: o mundo se oferece a ele como conjunto de significados, partilhados com outros homens. O homem só tem um mundo porque tem acesso ao universo dos significados, partilhados com outros homens. O homem só tem um mundo porque tem acesso ao universo dos significados, ao simbólico: e nesse universo simbólico é que se estabelecem as relações entre o sujeito e os outros, entre o sujeito e ele mesmo.

Ao acessarem o universo dos significados, os jovens e crianças se apropriam do seu mundo e da realidade em que vivem, fazendo conexões, por exemplo, com as aulas – pode ser um momento para que eles atribuam significado ao que aprendem. Assim, os alunos tornar-se-ão capazes de dar significados ao que estão aprendendo, o que poderá ajudá-los a sistematizar os conteúdos de maneira mais integrada.

A história em quadrinhos pode fazer a conexão entre conteúdos e conceitos específicos e a realidade e, ainda, favorecer a organização de um texto, estruturando as ideias, estimulando a criatividade e despertando aptidões.

O uso de imagens e fotografias como documentos

Assim como na história em quadrinhos a personagem utilizou os mapas como documentos, as imagens e as fotografias são consideradas, também, documentos, como já mencionamos. Há algumas situações em que as imagens são apresentadas no texto apenas como ilustração, o que ocorre quando são utilizadas sem nenhuma finalidade didática. Para dar significado às imagens, é necessário utilizá-las relacionando-as com o texto para que, inclusive, facilitem a compreensão de um conceito ou conteúdo.

O uso da imagem deve ser o ponto de partida para a análise de um fenômeno que se quer estudar em geografia, ou seja, que esteja associado ao conteúdo. Dessa maneira, o aluno será estimulado a fazer observações, a levantar hipóteses em face do tema abordado. Dessa forma, pode-se estabelecer critérios no momento da escolha das imagens.

A escolha das imagens é fundamental e deve ser coerente com os objetivos propostos pelo professor. Assim, por exemplo, ao se escolher uma fotografia ou uma imagem para trabalhar a paisagem em sala de aula, é preferível que ela esteja na visão oblíqua (de cima para o lado) e nítida. Será mais fácil para observar os detalhes da paisagem.

Para organizar a aula:

- A partir da observação, deixar os alunos perguntarem.

- Localizar os elementos da imagem em quadrantes, elaborando um esboço cartográfico ou apenas situando-os verbalmente.
- Procurar dirigir os comentários para que não se afastem do conteúdo, cuidando para não criar conclusões genéricas acerca do tema ou lugar, a partir de uma única imagem.
- Elaborar um quadro com as informações levantadas a partir das imagens para a análise e registro do conteúdo.

Ao ler uma imagem (gravura) ou uma fotografia pode-se fazer relações com a linguagem cartográfica, principalmente quando, para lê-la, se elabora um croqui ou um esboço, destacando a localização dos fenômenos representados, contornando os objetos ou elementos e estabelecendo as formas para organizar uma legenda, ou desenhando a imagem na visão vertical (visão de cima para baixo). Em cada um dos procedimentos se desenvolvem as noções cartográficas de legenda, escala, visão bidimensional, ponto, área e linha. Além da noção geográfica de lugar.

O objetivo da leitura de uma ou várias imagens de um mesmo lugar em períodos diferentes pode ser analisar as mudanças que ocorreram e as suas consequências para a população.

Veja um exemplo:

- Colocar os alunos em pequenos grupos e dar-lhes um conjunto de imagens, cujas ideias serão registradas no caderno. Em seguida, apresentar as etapas do trabalho; por exemplo:

   1ª etapa: Análise das imagens e/ou a elaboração de croquis cartográficos. Iniciar com a observação e descrição das imagens e depois com um papel transparente, copiar sobre a imagem o contorno dos lugares e objetos que aparecem.

   Ao analisar as imagens, destacar nas respostas dos alunos se as paisagens são mais ou menos aglomeradas, se há terras cultivadas, se há construções históricas, se houve mudanças no meio físico ou quaisquer outras informações pertinentes à imagem em discussão.

2ª etapa: Elaborar uma lista com as mudanças e as semelhanças do lugar ou com as permanências e mudanças, comparando as alterações na área em estudo.

3ª etapa: Analisar as consequências dessas alterações e o que ocorreu na área em estudo: se ela se expandiu; o processo de ocupação; o impacto da expansão urbana; a organização das vias públicas e os equipamentos urbanos.

4ª etapa: Para ampliar o estudo, podem-se apresentar aos alunos outros documentos, como mapas, descrições de viajantes, relatos de moradores antigos etc. Para essa etapa, será necessário elaborar um questionário ou um roteiro com algumas perguntas para fazer as entrevistas. A comparação entre diferentes épocas também é possível a partir da 2ª etapa.

5ª etapa: Momento em que a comparação auxiliará a análise das várias situações estudadas. Esta pode ser uma etapa de atividade individual, quando o aluno inicia o processo de sistematização do que está aprendendo e organiza suas ideias e argumentos em um pequeno texto.

6ª etapa: Organização das informações e associação com os conteúdos. O professor é o principal ator nessa etapa, quando as informações são relacionadas e os conteúdos didáticos associados com o estudo realizado.

7ª etapa: Aula expositiva para sistematizar o que foi estudado.

Leitura de imagens

A linguagem documental da fotografia e do mapa representa uma dada realidade em um determinado momento. Ao construí-la, o fotógrafo, o cartógrafo ou o artista plástico conhecem o tema que está sendo representado e têm um olhar direcionado para o objeto que desejam representar.

Essa construção envolve dois momentos distintos: o da criação e o da produção. No ato da criação, há uma intenção do que se deseja representar e vai desde o processo de escolha do material, das cores e dos elementos que irão compor a imagem até a sua elaboração.

Quando se propõe ao aluno ler uma fotografia para interpretar uma paisagem, um mapa ou um documento, ocorrem situações que se completam: a possibilidade de ele expressar o seu universo cultural e o contato com outros referenciais que lhe proporcionam a ampliação e a transformação de sua realidade.

Ao analisar uma imagem, podem ser seguidas estas etapas:

- Conforme o tipo de componente existente, preste atenção em determinadas características que representam a cultura, o tempo e a organização do espaço de diferentes sociedades. Quando se trata de uma pessoa, observe as roupas e os acessórios usados. Também é necessário que se fique atento aos objetos que compõem a paisagem e a relação da escala/proporção entre eles.

- Verificar a técnica que o fotógrafo e o cartógrafo utilizaram para a elaboração da imagem, ou seja, as estratégias, os equipamentos e os materiais empregados. Analisar, por exemplo, se é uma foto antiga ou não, colorida ou não.

O uso de imagens ou fotografias na sala de aula contribui para que o aluno se aproprie dos conceitos geográficos trabalhados com atividades que resultaram em um processo de aprendizagem significativo. O aluno aprende um conceito quando sabe utilizá-lo em situação concreta e, aos poucos, vai interiorizando e consegue em outro momento aplicá-lo em novas situações.

Em relação às atividades que podem ser desenvolvidas com os alunos, destacamos ainda que a edição de um documento ou um filme como registro de um conteúdo escolar pode ser proveitosa do ponto de vista da aprendizagem, porque o aluno se apropria do conteúdo, por meio da pesquisa, organiza o roteiro e a edição, devendo ter domínio do conteúdo para fazer o documento.

Ao realizar um filme, o aluno está preparando um roteiro de pesquisa, que consideramos uma pesquisa científica, na medida em que ele terá de organizar os dados da pesquisa em um roteiro, selecionar a trilha sonora, estruturar a sequência dos assuntos ou diálogos. Para realizar essas etapas, o aluno relacionará os conceitos que estruturam o conhecimento geográfico com os conteúdos. Além disso, em grupo, ele terá de aprender a conduzir uma filmagem.

Como exemplo, podemos sugerir uma proposta para elaborar um vídeo escolar:

A estrutura e a linguagem das videotecnologias

- gramática audiovisual: características do meio; a diferença entre cinema, vídeo e TV;
- enquadramento das cenas, plano de visão, fragmentação e continuidade das cenas, movimento de lente;
- edição (TV) e montagem (cinema). A edição pode ser feita em um computador.

A roteirização

- gênero: documentário, ficção, novela, *reality show* e telejornal;
- ideia (ponto de partida): imaginário, cotidiano, adaptação, fatos históricos;
- *story line*: o conflito central e a estrutura da história (explicação do tema/o problema que será a base do filme em três linhas);
- argumento: defesa da história (personagens, protagonistas, antagonistas, cenário, figurino);
- planejamento do roteiro (dimensão do trabalho coletivo);
- *storyboard*: marcação cênica e técnica por desenhos e textos.

A produção do audiovisual

- Realização de um audiovisual em formato de reportagem sobre um tema do cotidiano relacionado à sua área profissional e com o tema tratado em resolução de problemas ou com o conteúdo em estudo com duração entre 5 e 10 minutos.

Essas situações de aprendizagem, que utilizam esses recursos didáticos, devem ser trabalhadas, portanto, com referência aos lugares que os alunos consideram significativos a partir da sua vivência, às relações que estabelecem com o entorno e aos problemas que vivenciam em função do tipo de organização que o espaço da cidade apresenta. É por meio da aproximação do conhecimento científico ao cotidiano dos alunos que se pode estimular a transformação do conhecimento científico em escolar[2]. Dessa análise decorre a questão da aprendizagem significativa que o aluno poderá ter, pelo fato de reconhecer o entorno.

O trabalho com documentos permite conhecer as informações relativas ao passado histórico da organização do espaço tal como

---

[2] Arnay (1998) publicou um artigo no qual discutia esses dois tipos de conhecimentos – científico e cotidiano – dentro do espaço escolar.

ocorreu, já que eles enfatizam o entendimento das ações dos homens diante das mudanças que nele ocorriam e a adaptação ou a reforma que tiveram de fazer diante das mudanças na organização das atividades econômicas.

No caso da geografia, o entendimento significativo de alguns conceitos como os de espaço geográfico e território, por meio do uso de documentos, pode permitir ao aluno compreender e explicar a organização do lugar em que vive, a regra de seu funcionamento e os elementos culturais que dele fazem parte. Na utilização desses documentos, o aluno deve perceber os tipos de instalações presentes, a relação da população com os locais de trabalho e de lazer, as atividades econômicas do período, o ritmo de vida, os modos de vida, a organização dos espaços rurais e urbanos, entre outras questões.

A informação recolhida em documentos antigos ou, no caso da história em quadrinhos, na internet, assim como qualquer outra fonte, precisa ser trabalhada em sala para que o professor possa questionar a veracidade dos dados e transformá-la em conhecimento escolarizado.

Trabalhando com leitura de mapas

Ensinar a ler em geografia significa criar condições para que a criança leia o espaço vivido. Ensinar a ler o mundo é um processo que se inicia quando a criança reconhece os lugares, conseguindo identificá-los. Portanto, observar, registrar e analisar são processos relacionados com o significado de ler e entender, desde os lugares de vivência até aqueles que são concebidos por ela, dando significados às paisagens observadas, pois na leitura se atribui sentido ao que está escrito. González (1999) afirma que saber geografia supõe saber como enfrentar um problema, como fazer um recorte da escala de análise ou uma interpretação da representação do espaço vivido e como, em uma análise da realidade, propor soluções a partir do uso dos conceitos geográficos.

O entendimento que temos dessa matriz teórica nos permite considerar que, em geografia, a leitura da paisagem e dos mapas não é apenas uma técnica, mas se utiliza dela com o objetivo de dar ao aluno condições de ler e escrever o fenômeno observado. Ao se apropriar dos procedimentos de leitura, ficará mais fácil compreender a realidade vivida, interpretá-la e entender os conceitos que estão implícitos nela. É nesse contexto que tomamos como referência teórica nessa discussão o termo *letramento*, assim como é tratado no campo da educação e da ciência linguística.

Ao fazer um desenho ou ler um mapa, o aluno pode se apropriar de um conceito – por exemplo, o de localização. Isso ocorre quando ele indica nos desenhos dos trajetos os pontos de referência e a direção. Dessa forma, ao ler uma planta cartográfica, ele poderá relacioná-la ao desenho do trajeto, o que facilitará a compreensão dos conceitos de localização e pontos de referência, caracterizando a função social que há em uma representação cartográfica. É nesse momento que ampliamos o uso de uma técnica em ações do cotidiano.

Desse modo, o aluno poderá organizar seu pensamento e compreender como as atividades de aprendizagem não estão ligadas apenas ao desenvolvimento de habilidades específicas da área, mas contribuem para além do aprendizado de uma habilidade qualquer, consistindo em aprender a aprender. Dentro dessa perspectiva, o objetivo do professor é criar condições para que o aluno possa estruturar o conhecimento por meio de um problema que pode ser resolvido em uma situação de aprendizagem.

Está claro que, para ensinar, temos de saber preparar uma aula que seja eficaz no processo de aprendizagem, contribuindo para que o aluno supere o conhecimento do senso comum ampliando o seu conhecimento. Vamos exemplificar a partir de uma *sequência didática*.

Tema

Cidades: a construção do espaço social.

CAPÍTULO 4   O Uso de Diferentes Linguagens em Sala de Aula

Conteúdos

- Produção e organização do espaço geográfico: leitura de mapas e imagens.
- O processo de urbanização a partir do exemplo da cidade de São Paulo, comparando com outras cidades do estado.

Objetivos

- Desenvolver conceitos geográficos a partir da linguagem cartográfica.
- Desenvolver competências/habilidades relacionadas a tempo e espaço.
- Possibilitar a partir da leitura de mapas a compreensão da realidade vivida pelo aluno.
- Possibilitar a compreensão do processo de expansão urbana no estado de São Paulo a partir da análise de documentos visuais.
- Estabelecer as relações entre o processo histórico, a história vivida e a expansão urbana.

Competências e habilidades em geografia

1. Localizar uma informação explícita em texto.
2. Inferir uma informação implícita em texto.
3. Explicitar o tema em um texto.
4. Articular a linguagem verbal, visual e corporal.
5. Estabelecer relações temporais e espaciais, em diferentes momentos históricos.
6. Utilizar diferentes medidas temporais para situar e descrever transformações e modificações no espaço social e geográfico.
7. Valorizar a diversidade dos patrimônios etnoculturais e artísticos, identificando-a em suas manifestações e representações em diferentes sociedades, épocas e lugares.

8. Relacionar informações no processo de construção do conhecimento histórico.
9. Utilizar diferentes linguagens e representações simbólicas para a compreensão da realidade vivida.

Produto final: Um painel com o tema – Retratos da cidade no passado e no presente.

Desenvolvimento do Trabalho

Atividade 1 – Diagnóstico (individual)

A atividade de aprendizagem que será desenvolvida, em um primeiro momento, visa à elaboração de um trajeto a ser escolhido pelo aluno, o qual terá de ser descrito minuciosamente. O desenho do trajeto e a sua descrição permitirão a realização de um diagnóstico sobre os conceitos geográficos e cartográficos e as habilidades de aprendizagem que devem ser estimulados ou construídos com base em um conteúdo geográfico.

Entre os conceitos e habilidades a ser desenvolvidos, podem ser citadas a observação, a percepção de mudanças e permanências, a destinação dos monumentos e construções, a identificação dos estilos arquitetônicos e dos períodos em que foram construídos. Do ponto de vista da didática da geografia e da superação dos obstáculos de aprendizagem, destacamos a reversibilidade, a descentração espacial e as noções espaciais topológicas, projetivas, euclidianas como habilidades de raciocínio que o aluno deve desenvolver.

1º momento

Solicitar ao aluno que recupere de memória o trajeto por ele realizado para chegar à sala de aula. Pedir-lhe para que pense nos lugares, na posição que eles ocupam, nos pontos de referência, nas construções e nos elementos naturais presentes no percurso.

O trajeto pode ser casa/escola – entrada da escola/sala de aula etc. Enfim, o importante é trabalhar a localização dos lugares, a organização espacial, a proporção do desenho.

2º momento

A seguir, solicitar uma representação, por meio de um desenho, do trajeto elaborado por ele. Orientá-lo para que faça uma legenda, utilizando símbolos e cores para identificar os elementos representados no desenho.

3º momento

Solicitar às duplas de alunos que troquem os desenhos entre si para fazer a leitura do registro e reconhecer os elementos representados. Nesse trabalho com as duplas, verifica-se se os trajetos puderam ser lidos e compreendidos pelo colega.

Organização

Os alunos deverão estar organizados em duplas. Em seguida, colocar os desenhos em um painel para poder fazer a discussão sobre os conceitos cartográficos e as competências e habilidades. Destaca-se que o conteúdo não deverá ser deixado de lado, na medida em que qualquer tema trabalhado pode ser articulado com mapas temáticos e trajetos. É uma maneira de espacializar o fenômeno estudado.

Fechamento dessa etapa

Apresentar alguns trajetos elaborados pelos alunos em transparências para sistematizar os conceitos que se quer desenvolver com eles.

O trajeto casa/escola pode ser trabalhado visando à elaboração de noções históricas e geográficas de tempo, relações sociais, localização e direção viabilizadas a partir da conceituação de ponto de referência, organização espacial, legenda, proporção/escala, visão vertical e oblíqua e imagem bidimensional.

A atividade pode ser ampliada para a análise do espaço vivido pelo aluno, considerando conceitos como território, lugar, região, natureza, sociedade, espaço geográfico e tempo histórico visíveis no traçado urbano, nas construções, na expansão populacional, nos vestígios do passado, na função do bairro e/ou cidade.

Atividade 2 – Análise de plantas cartográficas e leitura de imagens

Organização para a atividade

Os alunos deverão estar organizados em grupos.

1º momento

Distribuir aos grupos duas plantas cartográficas de uma cidade, dando preferência ao lugar onde mora, em diferentes épocas. Observar as plantas, as ruas e os nomes, a ortografia dos nomes, a legenda; em seguida, fazer uma comparação entre elas. Neste momento, os alunos estarão fazendo a leitura de documentos, o que implica procedimentos de pesquisa, pois estão trabalhando com análise de documentos.

2º momento

De acordo com as alterações na planta cartográfica, solicitar que os alunos façam uma lista das modificações mais significativas (por exemplo, a ampliação da largura das ruas, a construção de avenidas e pontes) e de seus possíveis efeitos para a população e o meio ambiente. Em relação ao meio físico, observar se os rios foram canalizados e as ruas asfaltadas. É importante observar a expansão da área urbana, o tipo de ocupação e se as características da cidade foram alteradas.

Nesse caso, ao fazer a lista com as modificações, observar nas plantas cartográficas o nome das ruas, os monumentos desenhados, o modo como o centro da cidade foi se expandindo, as pontes construídas, os aterros realizados, a concentração de ônibus nos terminais e os fluxos de circulação que foram se organizando. Com essa atividade os alunos terão condições de entender os fluxos de pessoas, mercadorias e transportes que acontecem em um lugar.

3º momento

Para fazer a análise de uma planta cartográfica, devem-se considerar os elementos que estão sendo representados, a área, os símbolos utilizados para representá-los, a organização do lugar e as mudanças que ocorreram durante os diferentes períodos, retomando os conceitos cartográficos para compreender a organização do espaço que está em estudo, podendo-se articular com outros.

4º momento

Para sistematizar essa etapa, fazer um painel para apresentação com a análise de todos os grupos e relacionar com os conceitos de cidade e processo de urbanização, em diferentes períodos, relacionando o processo de ocupação do lugar com o meio físico. Dessa forma, o aluno terá possibilidade de compreender a relação entre sociedade e natureza; a sistematização pode ser a elaboração de um painel ou de um croqui cartográfico.

> ### Elaboração de um painel
>
> O painel é a exposição, por meio de cartazes (textos e imagens), de uma pesquisa realizada e de suas conclusões. Para que o trabalho tenha um resultado satisfatório, deve ser bem planejado. Em primeiro lugar, é necessário definir o espaço que ele ocupará – se todas as paredes da sala ou não. Os painéis devem misturar diferentes linguagens, textos, imagens, mapas, desenhos, colagens etc. O uso de gráficos e tabelas auxiliam na síntese das informações.
>
> Quando o objetivo for comparar autores ou propostas, procurar definir temas que sejam tratados por eles, apresentando excertos com diferentes concepções, mas coerentes com o que está sendo apresentado. Evitar textos longos, procurar construir frases claras e escritas em ordem direta. As imagens são fundamentais e sempre devem estar ligadas aos textos.
>
> Na apresentação do painel, o grupo deve orientar os visitantes, esclarecendo dúvidas e explicando com mais profundidade o que foi apresentado nos cartazes.

A sistematização a partir da elaboração de um croqui por meio das imagens da cidade contribui para o entendimento dos conceitos geográficos e cartográficos.

1. Observação das imagens da cidade. Observá-la e depois responder:

a) Como a cidade está organizada, considerando o arruamento, os tipos das casas e o entorno, como a serra e a vegetação?

- Observar as fotos, ou seja, fazer a leitura das fotos. Destacar os elementos que as compõem. Classificar os elementos

presentes na paisagem. Nesse momento, pode ser observado como a imagem está representada, desde a perspectiva e forma até se estão aglomerados ou dispersos. Podem-se destacar os elementos naturais e suas alterações (rios, formas de relevo, vegetação) e os elementos construídos (prédios, praças, plantações etc.).
- Elaborar um pequeno texto a partir da descrição das fotos. Nesse caso, observar os elementos naturais e os construídos, os elementos móveis e os fixos. Esse é um bom momento para discutir as mudanças que ocorreram na natureza, compreender os conceitos da geografia, da natureza e as implicações das interferências humanas no meio físico.
- Ao fazer a observação e descrição das fotografias estamos nos aprofundando a partir das formas como a cidade está organizada e podemos identificar: como estão as ruas (estreitas/largas), os nomes das localidades, o que ficou no espaço, o que foi alterado. Ou ainda, se houve ou não expansão do centro histórico, a função atual desse centro, a sua relação com o tempo, ou seja, em quantos anos essas modificações foram ocorrendo.

b) Com um papel de seda sobre a ilustração, fazer um croqui ou um esboço da cidade. Para elaborar o esboço, contornar os elementos presentes na ilustração – casas, ruas, morros, vegetação. Para cada elemento, utilizar uma cor diferente. Em seguida, organizar uma legenda relacionando as cores com o significado de cada elemento.

- Para fazer um esboço é necessário contornar o entorno dos elementos agrupados com a mesma cor. Por exemplo, fazer uma linha em vermelho no entorno da igreja, das casas e dos prédios e uma linha em verde no entorno das árvores e agrupá-las. Isso será feito em uma folha de papel

de seda sobreposta na fotografia, e o aluno fará o contorno com lápis de cor.
- Agrupar por semelhanças. Nesse momento está se fazendo uma classificação, ou seja, estabelecendo critérios para fazer o agrupamento. Em uma coluna, todas as casas, praças etc. Em outra, a vegetação, rios, relevo etc. Também é possível agrupar e estabelecer uma legenda – casas e prédios com um símbolo; rio com outro; ruas e avenidas com outros e assim sucessivamente.

c) Em outra folha de papel de seda, fazer a representação da cidade na visão vertical (de cima para baixo). Observando a imagem panorâmica de um determinado lugar, representar os elementos na visão vertical.
- Redigir texto-síntese da análise. O texto-síntese é o momento da sistematização do trabalho. Ele não precisa ser longo, mas é importante destacar o que foi observado e qual a compreensão que o aluno tem da organização da cidade estudada.

Nessa atividade você estará trabalhando com alguns conceitos cartográficos como localização, proporção, legenda, visão vertical e representação gráfica. Além disso, poderá explorar o conceito de espaço geográfico e organização do espaço relacionando o lugar com o tempo social, ou seja, com o período histórico e as transformação que ocorreram.

Atividade 3 – Análise da expansão do centro da cidade

Atividade de sistematização dessa etapa. A sistematização é importante para se organizar com os alunos os conceitos que estão sendo desenvolvidos, por isso é necessário fazer um texto escrito. Pode ser utilizado qualquer estilo, música, poemas, narrativa, informativo, jornalístico etc. O importante é que os conceitos sejam sistematizados e articulados com o conteúdo.

Bibliografia

AUDIGIER, F. *Construction de l'espace géographique*. Paris: Institut National de Recherche Pédagogique, 1995.

ARNAY, José. *Domínio de conhecimento, prática educativa e formação de professores*. São Paulo: Ática, 1998.

BACHELARD, G. *A formação do espírito científico*. Rio de Janeiro: Contraponto, 1996.

CASTELLAR, S. (org.). *Educação geográfica*: teorias e práticas docentes. São Paulo: Contexto, 2005.

CASTELLAR, S. M. V. e NEIRA, M., Trabalhando com jornal. In: *Alfabetização e letramento*: um compromisso de todas as áreas. São Paulo: SME-SP, Fafe-USP, 2004.

GONZÁLEZ, X. M. S. *Didáctica de la geografía*. Barcelona: Ediciones Del Serbal, 1999.

LE GOFF, J. *História e memória*. Campinas: Unicamp, 1996.

MONIOT, H. L'usage du document face à sés rationalisation savante, en histoire. In: AUDIGIER, A. (org.). *Documents*: des Moyla pour quelles fins. Paris: INRP, 1998. p. 25-28.

MORAES, J. V. *A construção do conceito de espaço geográfico por meio do uso de documentos*. São Paulo, 2004. Dissertação de Mestrado, Universidade de São Paulo.

SECRETARIA DA EDUCAÇÃO, COORDENADORIA DE ESTUDOS E NORMAS PEDAGÓGICAS. *Manual de orientação para a escolha de livros*: PNLD 2001/2002. São Paulo: SE/Cenp, 2001.

SECRETARIA DA EDUCAÇÃO, COORDENADORIA DE ESTUDOS E NORMAS PEDAGÓGICAS. *Escola nas férias*: aprendendo sempre. São Paulo: SE/Cenp, 2002.

SILVA, M. A construção do saber histórico: historiadores e imagens. *Revista de História*, n. 125, p. 117-134, 1991.

SMIT, J. W. A análise da imagem: um primeiro plano. In: *Análise documentária: a análise de síntese*. Brasília: IBICT, 1987. p. 100-111.

SOARES, M. *Letramento*: um tema em três gêneros. Belo Horizonte: Autênticas, 2002.

TRIAUD, C. *Composition, étude et commentaire de documents*: Hostoire et Géographie. Paris: Studio Méthode, 1998.

VITAL, D. A fotografia como fonte para a historiografia educacional sobre o século XX: uma primeira aproximação. In: FARIA FILHO, L. M. de (org.) *Educação, modernidade e civilização*. Belo Horizonte: Autêntica, 1998.

CAPÍTULO 5
O significado da construção dos conceitos

Com a colaboração de Augusto Ozório

Há muito tempo se analisam os propósitos da geografia escolar e o processo de construção conceitual. Entendemos ser essa uma discussão necessária, no que se refere à educação geográfica.

Para se trabalhar especificamente com conceitos como paisagem, região, espaço, território, lugar e meio físico, é necessário que haja um certo conhecimento dos fundamentos epistemológicos referentes à compreensão desses conceitos e suas mudanças ou na história do pensamento geográfico, bem como na geografia escolar.

Na aquisição do conhecimento, devem-se evidenciar as capacidades de raciocínio por meio da interligação entre os conceitos, possibilitando a organização de uma rede de conceitos que estruturam o conceito-chave que está sendo o principal. Em função disso, há necessidade de aprofundar questões acerca das teorias da aprendizagem para se ter clareza dos caminhos que nortearão o processo de ensino e de aprendizagem, ou seja, a didática que irá estruturar o passo-a-passo da relação entre a teoria e a prática de sala de aula.

Quando o aluno não entende o significado da palavra, terá, sem dúvida, dificuldade em compreender o conhecimento científico no caso escolarizado. O desconhecimento da linguagem ou das palavras compromete o entendimento do conteúdo em questão. Esse fator é essencial, na medida em que a atribuição de significados diferentes ao conceito implica entendimento incorreto.

Ao se apropriar de um conceito, o aluno precisa dar-lhe significado, inserir a nova informação para alterar esquemas, criando uma estrutura de pensamento, que pode ser simples – por exemplo, relacionando os fenômenos estudados com os do cotidiano e, com isso, estimulando mudanças conceituais.

Dessa maneira, podemos começar esta reflexão com a seguinte pergunta: O que é um conceito?

Num primeiro momento, a resposta a esse questionamento pode parecer simples, mas carrega consigo uma carga de significado muito grande. Isso porque as informações que retemos estão sempre sendo elaboradas a partir de outras, e assim sucessivamente. Os alunos são colocados cotidianamente diante de vários conceitos que são elaborados e reelaborados tendo como referência as ideias do cotidiano que são confrontadas nas aulas, ou seja, os conceitos são provenientes de vários referenciais culturais e teóricos e, por vezes, são pontuais ou fragmentados, e o desafio está em organizá-los. Para Bachelard (1996), significa sair da contemplação do mesmo para buscar o outro, para dialetizar a experiência, ou seja, é preciso diversificar o pensamento e superar as certezas, reorganizando as ideias e os saberes. A partir das experiências e observações do mundo real assentam-se as noções e conceitos que são, em um primeiro momento, intuitivas e, por meio de mediação das atividades didáticas, aulas expositivas, situações – problemas e projetos educativos confrontados e reestruturados ou reelaborados, tornando mais coerentes os saberes científicos.

A compreensão de uma palavra ou termo requer vários significados, que podem ser factuais ou epistemológicos, mostrando que, a partir de um conceito, pode-se obter outro ou analisar a sua relação com outro conceito. Nesse esquema, o mundo empírico, o vivido pelo aluno, pode lhe proporcionar noções sobre o mundo teórico; a vivência do aluno e a ação docente por meio de problematizações, pesquisas, aulas expositivas, trabalho de campo etc. contribuirão

CAPÍTULO 5   O Significado da Construção dos Conceitos

```
Mundo empírico
    noções
Trabalho científico
(problemas, métodos, técnicas)
    conceito
Mundo teórico
```

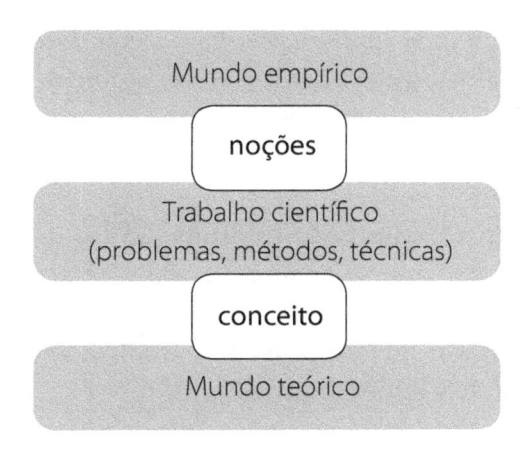

Fonte: J.P. Ferrier, Antée. La geographie, ça sert d'abord à parler du territoire, ou lê métier des géographes, Édisud, Aix-em-Provence, 1984, p. 27 In *Didática da geografia*. Lisboa: ASA, 1994. p. 42.

para que o aluno consiga estruturar e construir conceitos científicos no campo do mundo teórico.

Nesse sentido, Bachelard (1996, p. 24) afirma que a tarefa difícil é colocar a cultura científica em estado de mobilização permanente, substituir o saber fechado e estático por um conhecimento aberto e dinâmico, dialetizar todas as variáveis experimentais, oferecer, enfim, à razão para evoluir.

Ao propor um problema ou a análise de um conceito, a explicação deve ser obtida não apenas com a unidade da natureza ou a utilidade do fenômeno, mas saindo da contemplação superficial, ou seja, superando a unidade e a utilidade dele, compreendendo-o e organizando uma rede de conceitos.

Uma proposta pedagógica se forma a partir de um elo entre quem ensina e quem aprende. Para isso, é preciso ter uma aula dialogada, com pergunta; e aberta para receber perguntas; uma aula que parta das referências dos alunos e traga para as explicações científicas as dúvidas e as experiências do dia-a-dia. Para Meirieu (1998, p. 40)

> é por isso que o ofício de ensinar requer dupla e incansável prospecção, por um lado, no que diz respeito aos sujeitos, às suas aquisições, suas capacidades... e, por outro lado, no que diz respeito aos saberes que devem ser incessantemente percorridos, inventariados, para neles descobrir novas abordagens (...)

É nesse contexto que pode-se estabelecer uma ligação entre o ofício de ensinar e o que se ensina. Pensar a relação entre a teoria (científica e escolar) e a prática. Na construção de um conceito, por exemplo, é necessário que ele seja contextualizado, que haja espaço para a história do fenômeno estudado.

O conceito é uma ideia acerca de um objeto ou fenômeno. Ou seja, a ideia que se tem, por exemplo, de uma cadeira não é a cadeira fisicamente. Ao se referir a uma cadeira, todos os que compartilham desse conceito compreendem que se trata de um determinado objeto com forma e função específicas. Mesmo que no pensamento um tenha tido a ideia de uma cadeira de madeira igual à que possui em casa, outro tenha pensado em uma cadeira de metal, e ainda, outro tenha pensado na cadeira que utiliza na escola, ocorre que todas elas existem, mas o que realmente importa não é uma ou outra, e sim a representação do objeto para que todos possam compartilhar da mesma ideia.

Nesse sentido, o conceito de cadeira só existe no plano das ideias, para que possamos estabelecer a comunicação entre pessoas que compartilham dessa mesma malha de significados. Daí a intrínseca relação entre a construção dos conceitos de um determinado indivíduo e a sociedade em que ele está inserido, e é isso que nos permite dizer que os conceitos são socialmente estabelecidos.

Vemos, então, que a construção dos conceitos não é exclusividade da escola, na medida em que o processo de construção conceitual ocorre a partir da vivência do sujeito, das interpretações sobre o mundo, das representações sociais que possuem. Ou seja, os conceitos são construções de significados dos fenômenos e objetos que criamos para interpretar ou explicar o mundo ao nosso redor, e a escola auxilia na transformação deles.

CAPÍTULO 5 O Significado da Construção dos Conceitos

Ao vivenciar uma aula prática em laboratório ou na sala de aula elaborando modelos com o objetivo de desenvolver ou provocar mudanças conceituais, o aluno compreenderá melhor o fenômeno estudado, pois o professor fará a mediação entre os conhecimentos explorados na aula expositiva e o que está sendo vivenciado na experiência. O processo de mediação ocorre a partir de perguntas, obtendo respostas e refazendo as perguntas, da observação das experiências dos modelos, das discussões entre os alunos e da sistematização no registro. Esses procedimentos estruturam um método de estudo que leva o aluno a raciocinar e saber perguntar.

Ao se apropriar dos conceitos, com base em uma aprendizagem significativa, o aluno reconhece as palavras e os símbolos e compreende o fenômeno. Esse processo significa que houve um nível de formulação e que o aluno assimilou e acomodou o conceito.

Muitas vezes indagamos se os alunos não aprendem ou não querem aprender, mas deve-se ressaltar que não se aprende aquilo que se desconhece, não se gosta daquilo que se ignora. É preciso, portanto, considerar que a aprendizagem é um processo de reconstrução e que há rupturas com aquilo que já se sabe ou com a representação que se tem dos objetos.

No entanto, não basta apenas arrolar os conceitos e tratá-los como fatos. É preciso articular os conceitos uns em relação aos outros, hierarquizando-os, relacionando-os e situando-os, como se fosse a organização de um mapa mental.

O mapa conceitual é uma forma de ajudar o professor a organizar o conhecimento ensinado e o aluno a organizar suas ideias e os conceitos aprendidos nas aulas. Para Novak (1998), os mapas conceituais desempenham uma função-chave como ferramenta para representar os conhecimentos dos alunos e a estrutura do conhecimento em qualquer situação. Um conhecimento, quando aprendido de forma significativa, provavelmente articulou ação, sentimento e pensamento consciente.

Além do mapa conceitual do espaço geográfico, na p. 104, outro exemplo que pode ajudar a dar coerência à prática docente é o

Mapa conceitual do espaço geográfico

```
possui          pode ser                              estruturam-se a
                entendido    Espaço Geográfico        partir da      Vias de
                pela                     define a                    circulação
Meio físico                              estruturação
     influência          define a    é
                Cidade                  Relação         define   Instalações
organização    de Jundiaí              homem - meio             presentes
social              tem    tem     pode ser explicado
     influência          da                     mostra
                                                     mostra
organização                                          aspectos    Fenômenos físicos
econômica      Ritmo       Lugar    subjetiva                    (= rio, chuva)
               de vida                  Percepção
     influência     mostra a                                     Atividades
Tempo               intensidade   de determinado   tem a ver     culturais
                    atua                           das
                                         Atividades              Ocupação
                                         econômicas
                                              Atividades
                                              industriais
```

É importante ter clareza de que, para se trabalhar um conceito, é preciso contextualizá-lo com um conteúdo, caso contrário não fará sentido.*

elaborado por Audigier, na medida em que facilita a compreensão das categorias que organizam a ideia de processo de produção do espaço, dos conceitos que estruturam as categorias e das figuras que representam os lugares.

O quadro a seguir organizado considerando-se três processos de produção do espaço social: a polarização, a integração e a diferenciação, a partir da lógica de pontos, linhas e superfície (alfabeto cartográfico). Com esse quadro, percebe-se que os conceitos estão associados, portanto o processo de aprendizagem deve considerá-los uns em relação aos outros e não isoladamente; deve ser contextualizado. Ao mesmo tempo, nota-se que o uso do alfabeto cartográfico ocorre tanto do ponto de vista do conteúdo quanto da metodologia do ensino; utiliza-se a linguagem cartográfica para se compreenderem

---

* *Fonte:* Elaborado por Jerusa Vilhena de Moraes, na dissertação de Mestrado (Geografia – FFLCH – USP, 2004).

CAPÍTULO 5 O Significado da Construção dos Conceitos

conteúdos, temas ou conceitos geográficos. Ler o espaço entendendo a localização, sua função, a hierarquia, a espacialização e a contribuição das divisões institucionais para a diferenciação do espaço é fundamental para estruturar o raciocínio espacial.

A apresentação desse quadro sugere que o professor, a partir de uma rede conceitual, pode ter liberdade em organizar os conteúdos (informações, fatos) para explorar os conceitos que desejar enfatizar na aula, ou que vai possibilitar a escolha do percurso da aula e do conteúdo, isto é, a relação entre os fundamentos teóricos da Geografia e da Cartografia, e a didática.

Organização de conteúdos e conceitos: exemplo de um modelo

PROCESSOS DE PRODUÇÃO DO ESPAÇO SOCIAL	FIGURAS ELEMENTARES DO ESPAÇO	CONCEITOS
POLARIZAÇÃO	PONTOS: LUGARES 1.1 Os lugares são diferenciados pelas suas funções (hábitat, produção, troca, lazer, gestão etc.) e identificados uns em relação aos outros (toda a localização é relativa). 1.2 A hierarquia dos lugares está ligada à hierarquia das funções. 1.3 A especialização de um lugar exprime diferenças e contrastes: • que podem ser naturais, sociais, espaciais; • que se relacionam com um estádio histórico do desenvolvimento.	Lugar Localização Polo Hierarquia urbana, *gisement*, centralidade, distribuição e distância.

(continua)

Organização de conteúdos e conceitos: exemplo de um modelo (continuação)

PROCESSOS DE PRODUÇÃO DO ESPAÇO SOCIAL	FIGURAS ELEMENTARES DO ESPAÇO	CONCEITOS
INTEGRAÇÃO	LINHAS: EIXOS 2.1 Os lugares estão ligados por eixos hierarquizados. 2.2 Os eixos traduzem fluxos visíveis ou invisíveis. 2.3 Os eixos integram os lugares em rede que são espaços descontínuos. 2.4 As redes comportam centros.	Eixo Fluxo Rede, espaço descontínuo, centro.
DIFERENCIAÇÃO	SUPERFÍCIES: REGIÕES 3.1 Uma região é um espaço contínuo formado por um conjunto de lugares que possuem coerência: • seja porque estão colocados sob a denominação do mesmo polo. • seja porque aparecem no mesmo sistema espacial. 3.2 As divisões institucionais (regiões administrativas, estado) contribuem para a diferenciação do espaço. 3.3 As regiões comportam centros e periferias. 3.4 Quando se muda a escala de análise, toda a superfície se torna um lugar de uma superfície mais vasta.	Limite Espaço contínuo Região polarizada Região-sistema Fronteira Centro Periferia Escala

CAPÍTULO 5 O Significado da Construção dos Conceitos

No quadro, a organização de conceitos que possibilitam a articulação em área, ponto e linha (o alfabeto cartográfico) e os conceitos geográficos de fluxos e rede urbana.

Se o objeto da geografia é o *espaço geográfico*, a partir dele podem-se definir com rigor a interpretação e a organização dos lugares em vários países do mundo, elaborar um estudo de ordenamento territorial ou mesmo geopolítico. Para isso, é necessário que os conteúdos estejam relacionados com os objetivos ou as expectativas de aprendizagem definidos pelo professor, de tal maneira que possamos afirmar que um conjunto de conteúdos referentes aos conhecimentos dos métodos geográficos permite situar procedimentos e definir problemas geográficos. Nesse sentido é que propomos uma aprendizagem significativa e que estimule mudanças conceituais, com base no processo de letramento cartográfico.

Estruturar o currículo da geografia escolar implica, como afirma González (1999, p. 291), saber integrar os conteúdos (relevo, vegetação, solos, atividade agrária e industrial, vias de transporte etc.), relacionar as variáveis ecogeográficas (insolação, cultivos etc.) de um sistema e explicar, a partir das teorias e conceitos, a multifatorialidade existente na organização regional, na qual tem dimensões culturais.

Construção do conceito de cidade por meio da leitura de mapas e de imagens

Iniciamos a partir das perguntas dos alunos ou do conhecimento empírico que eles trazem para a sala de aula o que ajudará a entender os fenômenos geográficos presentes no cotidiano.

No caso da construção do conceito de paisagem, no qual este capítulo se detém, significa apresentar a seguinte questão: *De que maneira o domínio do conceito de paisagem em geografia pode proporcionar aos estudantes do ensino fundamental a possibilidade de leitura e interpretação do mundo?*

Deve-se notar que tal pergunta nos conduz à reflexão sobre os propósitos do ensino dessa disciplina e, ao mesmo tempo, remete-nos à metodologia do ensino para tal objetivo.

Nesse sentido, partiremos para a descrição da proposta de atividade didática para que possamos estabelecer uma relação prática com os pressupostos mencionados anteriormente. A leitura da paisagem de um lugar estabelece uma relação com o território. Para fazer a leitura da paisagem, descobre-se o lugar em que está localizada e também, ao descrevê-la, sabe-se sobre a sua identidade.

A importância que damos à leitura da paisagem não é somente na construção dos conceitos envolvidos, mas no fato de se estruturar um modelo de realidade que pode ser o ponto de partida para a análise geográfica da organização do espaço social. Portanto, deve-se ter uma leitura crítica da proposta apresentada, no sentido de refletir sobre o significado dessas atividades para alunos que vivenciam outras realidades.

As etapas para fazer a leitura da paisagem são:

1ª Etapa

1.1 Descrição inicial: formulação das primeiras impressões;
1.2 Identificação do tipo de documento (fotografia, obra de arte, imagens) e do período em que o lugar foi documentado.

Essa é a primeira etapa de uma sequência didática, que tem como objetivo construir o conceito de paisagem do ponto de vista geográfico. Nesse primeiro momento, propõe-se ao aluno que observe o documento e dê suas primeiras impressões sobre o lugar. O objetivo é que, a partir da observação, o aluno possa apresentar, para a classe, suas representações sobre o lugar. Em seguida, pode-se iniciar a formulação de hipótese. Ao verificar as impressões do aluno, podem-se analisar o período em que o documento foi feito e as mudanças que podem ter ocorrido.

2ª Etapa – Analisar uma imagem (documento)

2.1 Caso a opção seja fazer um desenho da paisagem.

Se a proposta didática incluir o uso do desenho, o aluno pode representar seu conceito prévio do que vem a ser "paisagem" fazendo uso de uma atividade que envolve a criatividade e o elemento lúdico. Por se tratar de um desenho, um instrumento conhecido e bastante utilizado para a comunicação, o aluno poderá expressar livremente sua concepção, sem se sentir pressionado, como poderia ocorrer caso houvesse uma pergunta na forma escrita exigindo uma resposta também por escrito.

Nesse sentido, a proposta de desenhar uma paisagem tem o mesmo significado de perguntar ao aluno: Qual a sua concepção de "paisagem"? Dessa maneira, teremos o que alguns autores chamam de "avaliação prévia" do conhecimento do aluno.

Vale dizer que o uso de desenhos em sala de aula pode ser um recurso muito interessante. Além de ser uma atividade geralmente prazerosa, o desenho nos possibilita diversificar o uso de linguagens e formas de expressão, além de estimular a sensibilidade para as cores e traços.

3ª Etapa – Análise da paisagem

3.1 As observações plano a plano.

Esse é um percurso interessante na medida em que integramos a linguagem cartográfica na atividade. Ao fazer traços nas imagens, podem-se analisar os elementos que aparecem na paisagem. Por exemplo, podemos verificar se, para um aluno, a paisagem é composta apenas por montanhas, lago, nuvens e sol e se, para outro, aparecem outros elementos, tais como casas e edifícios, ou, então, se a representação remete a uma paisagem conhecida ou não.

Ouro Preto – MG.

Ouro Preto – MG.

Nesse caso, o aluno fará as primeiras observações dos planos e, em seguida:

- delimitará as áreas da paisagem e as classificará na legenda;
- descreverá os elementos que constituem cada plano;
- analisará geograficamente a organização do lugar em estudo.

CAPÍTULO 5 O Significado da Construção dos Conceitos

Enfim, essas etapas estruturam uma sequência didática com várias atividades que permitem ao aluno expressar-se livremente, representando por meio do desenho ou não a sua concepção sobre o conceito de paisagem e estabelecendo relações com os outros conceitos. No momento da leitura dos planos, é importante privilegiar os fatos estudados, ou seja, focar o objeto de estudo.

Na etapa da leitura de paisagem em que a análise será realizada, ela se estruturará a partir da compreensão das hipóteses levantadas e da verificação delas por meio de confrontos com outras hipóteses, documentos, textos científicos e didáticos e/ou trabalho de campo.

Dando sequência ao estudo da paisagem por meio da leitura de imagem, o aluno poderá elaborar um texto sobre o lugar observado ou um lugar imaginário, dependendo do percurso estabelecido pelo professor. Por exemplo, vejamos um texto de um lugar imaginário escrito por um aluno:

> Adoro aquele lugar... com suas árvores, ruas para caminhar e andar de bicicleta. Ao entardecer, o sol cai de mansinho, refletindo no lago, até se esconder atrás dos edifícios que cercam o parque.

- Solicita-se ao aluno que elabore um desenho.

Após o aluno ter feito o desenho de uma "paisagem" indeterminada, a sequência prossegue com a apresentação de um texto e a tarefa de representá-lo por meio de outro desenho. Note que ainda se trata do desenho de uma paisagem, porém, nesse momento, a paisagem é específica, e nela aparecem não só árvores, lago e sol, mas também ruas e edifícios – ou seja, a paisagem do lugar de vivência do aluno ou imaginário.

Em primeiro lugar, essa atividade possibilita ao professor questionar os alunos sobre os elementos da paisagem que apareceram nesse desenho e que, porventura, não tenham aparecido no desenho anterior. Nesse sentido, o aluno que não tinha percebido que, descrevendo uma paisagem, está dando informações sobre um lugar (que pode ser urbano ou rural – por exemplo, a paisagem de uma cidade, com prédios, ruas, carros e pessoas) terá a percepção da paisagem e, em seguida, ampliará sua compreensão do conceito.

Esse exercício pode parecer simples, no entanto ocorrem a reelaboração de um conjunto de ideias e sua reorganização para criar outro significado. Ou seja, trata-se de um exercício de abstração, que, por sua vez, é fundamental para que o indivíduo atinja níveis cognitivos cada vez mais complexos, na perspectiva da mudança conceitual (senso comum para a escolarizada ou científica).

Essa atividade faz uso de duas linguagens distintas: a escrita e o desenho. Nesse sentido, a leitura e a interpretação de texto estão presentes na forma de uma etapa para a realização da atividade que se conclui com a análise ou a explicação do desenho. Dessa maneira, reforça-se a ideia de fazer uso da leitura e da escrita nas diversas áreas do conhecimento, nesse caso, nas aulas de geografia.

Um outro exemplo do trabalho com a leitura de imagem: Pede-se ao aluno que observe a fotografia de uma ou várias cidades:

Recife – Rio Capiberibe.

CAPÍTULO 5   O Significado da Construção dos Conceitos

As atividades se iniciam pela observação e descrição.

1. Descreva essa paisagem, registrando em poucas palavras o que aparece nesta imagem.

2. Classifique os elementos que aparecem nessa paisagem em dois tipos:

Elemento 1	
Elemento 2	

A atividade requer do aluno a observação da imagem e o registro em poucas palavras do resultado da observação – ou seja, é explícita no uso da habilidade de observação e registro, por meio da descrição da imagem apresentada.

Nesse sentido, caberá ao aluno realizar a observação de forma que possa perceber o maior número de elementos possíveis que compõem aquela paisagem e ainda registrá-los de modo que não seja uma descrição repetitiva. Portanto, o aluno deverá abstrair e selecionar o que vai ser registrado. Por exemplo, ele pode realizar esta descrição: "Aparecem prédios, casas, ruas, árvores, montanhas, barcos, o oceano e nuvens". Outro aluno pode apresentar a seguinte descrição: "Na imagem, aparecem edificações, vegetação, montanhas, nuvens e o oceano".

Nota-se que ambos realizaram descrições muito parecidas. No entanto, o que um aluno descreveu utilizando três palavras (casas, prédios e ruas) foi descrito pelo outro usando apenas uma: edificações. Observa-se também o uso do termo *vegetação*, em vez de *árvores*.

Essas distinções que surgem nas atividades realizadas pelos alunos podem servir para que o professor possa comentar sobre a adequação do uso dos termos, e assim todos os alunos da sala poderão discutir e chegar a um consenso sobre o que vem a ser mais apropriado. A capacidade de agrupar e identificar por um termo remete à generalização, isto é, a capacidade do sujeito de estabelecer relações que constituem as propriedades do objeto, as formas necessárias para a assimilação dos conteúdos observáveis.

Na construção de conceitos, vale ressaltar que o ato de classificar implica um raciocínio lógico, explorando o potencial da linguagem de formular abstrações e generalizações para selecionar atributos e subordinar objetos a uma categoria geral (Luria, 1990).

> Deve-se notar que o pensamento categorial é geralmente bastante flexível; os sujeitos passam prontamente de um atributo a outro e constroem categorias adequadas. Classificam objetos pela substância (animais, flores, ferramentas), pelo material (madeira, metal, vidro), pelo tamanho (grande, pequeno), pela cor (claro, escuro) ou por outra propriedade. A capacidade de se mover livremente, de mudar de uma categoria para outra, é uma das características principais do pensamento abstrato ou do comportamento categorial essencial a ele (Luria, 1990, p. 66).

Quando se desenvolvem atividades em sala que exploram a construção de conceitos, os alunos devem ser colocados em situação de desafio em relação ao significado dos termos utilizados em geografia – como, por exemplo, os que apresentamos no Capítulo 2, quando os alunos confundiam o significado e o significante. A partir das respostas apresentadas pelos alunos, pode-se avaliar a evolução do significado das palavras. Em geografia, termos como urbanização, espaço geográfico, território, por exemplo, estão carregados de significados e, ao mesmo tempo, articulados entre si. Por isso, ao saber o que o aluno compreende, temos condição de avançar em relação ao conteúdo.

A estrutura lógica do aluno pode ser observada quando ele confunde o significado da palavra no contexto apresentado. A classificação ocorre em função da impressão física do objeto, não sendo o aluno capaz, portanto, de construir uma categoria geral (generalização).

CAPÍTULO 5 O Significado da Construção dos Conceitos

As atividades que utilizam imagens ou desenhos podem ser o ponto de partida para o professor avaliar a capacidade de agrupar e classificar do aluno, o que implicará o entendimento do conceito.

Vale dizer que essa imagem, ou qualquer outra que o professor queira utilizar, pode ser apresentada com o auxílio de um projetor de *slides*, ou similares, para facilitar a visualização em sala de aula.

Em uma segunda atividade, pede-se ao aluno que classifique a paisagem apresentada em apenas dois elementos. Nesse caso o que vai aparecer são elementos comuns aos que foram descritos no exercício anterior.

Nesse sentido, o que foi descrito como "vegetação, montanhas, nuvens e oceano"; poderá ser classificado como "elementos naturais da paisagem". O que foi descrito como "Casas, prédios, barcos e ruas" poderá ser classificado como "elementos sociais da paisagem".

O que importa nessa situação não é o termo utilizado (elementos naturais ou da natureza; elementos sociais ou construídos pelo homem), mas a ideia apresentada. Essa classificação nem sempre é facilmente conseguida. Muitas vezes, caberá ao professor auxiliar seus alunos para que eles consigam construir a generalização do conceito.

Com essas atividades de aprendizagem, constrói-se uma aula mais despojada, que coloca o professor numa posição de mediador, de parceiro do processo de aprendizagem. Abandona-se a situação de simples transmissão do conhecimento e atribui-se ao aluno a paternidade do conhecimento que está sendo estruturado, dando autoria à produção dele.

Nessa mesma direção, pode ser sugerida aos alunos a elaboração de um croqui do lugar da imagem ou do desenho que eles fizeram. Nessa atividade, eles poderão desenhar na visão vertical e classificar os elementos para poder agrupá-los e organizar uma legenda, utilizando formas ou cores. As propostas proporcionam aos alunos o contato com outros conceitos cartográficos, reforçando a ideia de que a linguagem cartográfica está presente no ensino de qualquer conteúdo da educação geográfica.

O croqui é um recurso interessante de ser utilizado porque o aluno tem de explorar vários conceitos cartográficos: escala, legenda, área, linha, visão oblíqua. Essa é uma atividade que auxiliará na aprendizagem das coordenadas geográficas, localização e relações espaciais (proximidades, lateralidade).

Além disso, essa atividade revela algo muito interessante para o professor, uma vez que, quando os alunos se propõem a utilizar cores para distinguir os elementos naturais dos elementos sociais, eles vão necessariamente expor sua concepção de natureza. Ou seja, cada aluno vai expor o que entende por elementos naturais e elementos sociais da paisagem por meio da cor que vai utilizar para representá-los.

Nesse momento, um aluno pode escolher, por exemplo, a cor laranja para representar os elementos sociais da paisagem e, dessa forma, desenhar o telhado de algumas casas e prédios (lembrando que deve ser desenhado na visão vertical), alguns carros e ruas. E ele pode escolher a cor verde para representar os elementos naturais, desenhando assim as árvores, lagos, áreas gramadas etc. Entretanto, pode ocorrer de outro aluno fazer um croqui muito parecido, mas representar, por exemplo, as áreas gramadas com a mesma cor dos elementos sociais. Isso significa que, para esse aluno, a grama plantada naquela área deve ser compreendida como um elemento social da paisagem, e não da natureza. Verifica-se, portanto, que o conceito de natureza de um aluno pode ser diferente do de outro, porém o mais importante será levar o grupo a perceber que natureza é um conceito, que deve ser discutido e justificado. No entanto, a justificativa das representações apresentadas somente poderá ser observada por meio de perguntas, como, por exemplo:

> Comparando as paisagens 1 e 2, podemos encontrar elementos sociais predominantes em relação aos elementos naturais? Justifique sua resposta.

Após a análise das fotos, a elaboração de um texto e a aula expositiva em que o conteúdo será sistematizado, pode-se assistir a um vídeo, com o intuito de ampliar os conceitos e relacioná-los com situações do cotidiano.

A duração de um vídeo deve ser o tempo suficiente para prender a atenção dos alunos e para que haja tempo para conversar sobre o filme antes que termine a aula. O vídeo também pode ajudar a fazer uma pesquisa documental ou, ainda, realizar um vídeo amador, utilizando recursos simples do computador.

Observa-se, então, que o trabalho do professor não é apenas elaborar uma sequência didática que garanta a construção de conceitos e a relação entre os conceitos que estruturam o raciocínio geográfico. A tarefa maior é a de organizar o material didático, selecionando imagens e filmes, ordenando trabalhos de campo e estruturando o número de aulas com os respectivos temas. Isso significa elaborar um plano de aula que dê conta de mobilizar o aluno para a tarefa a ser realizada. Essa não é uma tarefa simples, porque queremos que o conjunto das atividades permita o avanço do aluno em relação a sua aprendizagem. As atividades passam a ser de aprendizagem e não apenas de memorização, na medida em que o objetivo principal da sequência didática é a construção de conceitos. É um processo do percurso da aprendizagem e, para isso, é importante pensar a organização da aula e a gestão de seu tempo.

Essa concepção de trabalho em sala de aula permite que o aluno estruture o conceito com base em ações que requerem operações que articulam a prática e a teoria. A didática deve considerar a mudança de pensamento do aluno, pois a "transição do pensamento visual para o conceitual não afeta apenas o papel assumido pelas palavras no processo de codificação, mas muda também a natureza das palavras: o significado que nelas está impregnado." (Luria, 1990, p. 70).

Portanto, preparar uma sequência didática para organizar o trabalho não é uma ação linear; requer reflexões sobre a prática docente e o modo como as atividades anteriores obtiveram sucesso. Além disso, instigar os alunos com perguntas e confronto de problemas faz parte desse cenário, visando focar os temas ou conteúdos escolhidos para a série. O sucesso das atividades não está no acúmulo de tarefas ou documentos que serão analisados, mas no modo como se escolhe – quais os objetivos ao se trabalhar com eles e quais os problemas adequados para a faixa etária – e, ainda, no cuidado das instruções e questões relativas ao material e ao tema que será estudado e como será a avaliação.

Bibliografia

AUDIGIER. F. *Construction de l'espace géographique*. Paris: Institut National de Recherche Pédagogique, 1995.

BACHELARD, G. *A formação do espírito científico*. Rio de Janeiro. Contraponto. 1996.

CASTELLAR, S. (org.). *Educação geográfica: teorias e práticas docentes*. São Paulo: Contexto, 2005.

FERRIER, J.P. Antée La geographie, ça sert d'abord à parler du territoire, ou lê métier des géographes. Édisud, Aix-em-Provence, 1984, p. 27. In: *Didática de geografia*. Lisboa: ASA, 1994. p. 42.

LURIA, A. R. *Desenvolvimento cognitivo*. São Paulo: Ícone, 1990.

MEIRIEU, P. *Aprender...sim, mas como?* Porto Alegre: ArtMed, 1998.

NOVAK, J. D. *Conocimiento y aprendizaje:* los mapas conceituales como herramientas facilitadoras para escuelas y empresas. Psicologia y Educación. Madrid: Alianza Editorial, 1998.

CAPÍTULO 6
Trabalhando com um projeto educativo sobre a cidade

Contribuições teóricas e empíricas modernas propõem a cidade e o lugar de vivência como temas estruturantes do currículo escolar. A maioria das populações vive em áreas urbanas, e o campo, em muitos países, também está se "urbanizando", em função das mudanças nas relações de trabalho e de produção. A cidade passa a ser compreendida não apenas como um conteúdo geográfico, um objeto disciplinar, mas como um objeto de vivência pessoal e de ensino. Tal mudança de enfoque exige alteração de profundidade em relação à forma de conceber o currículo escolar e a prática docente, ainda que sejam processos de longa extensão temporal no âmbito das escolas.

As inovações pedagógicas, porém, maturam ao longo do tempo, são um processo cultural. O senso comum da cultura escolar vê nas mudanças de práticas docentes, ou em concepções mais construtivas do processo de aprendizagem, algo que "não resolve os problemas dos alunos". Muitas vezes, coloca-se a responsabilidade da aprendizagem no aluno, esquecendo que lidamos com metacognição, em que há vários atores envolvidos no processo. Tais condicionantes retardam ou reduzem o impacto de novas e necessárias formas de enfocar o ensino em geral, particularmente o da geografia. Verifica-se, no entanto, que em escolas de vários países têm ocorrido mudanças por iniciativa de professores que estão se propondo a rever suas ações didáticas, sem perder a objetividade da área de conhecimento e a partir de projetos educativos que representam concretamente reflexões sobre *o saber e o fazer* ciência e, no caso, *o saber e o fazer* geografia.

Não podemos pensar em uma didática da geografia ou da ciência, como afirma Carvalho (2006, p. 6-7), introduzindo apenas inovações pontuais, restritas a um só aspecto. Um modelo de ensino – um que responde à questão: como ensinar? – deve ter coerência interna, já que cada atividade de ensino se deve apoiar nas demais, de tal forma que constitua um corpo de conhecimento que integre os distintos aspectos ao ensino e à aprendizagem.

Nesse sentido, os projetos didáticos coletivos são exemplos de ações que articulam algumas áreas do conhecimento para estudar determinado conceito, ampliando as inovações pontuais. Organizar um projeto para estudar a cidade ou o lugar de vivência do aluno significa gerar procedimentos e fornecer instrumentos multidisciplinares ao aluno para ampliar sua compreensão da própria ciência geográfica e de suas interações com a experiência pessoal.

A análise do "fenômeno cidade" pode ocorrer, do ponto de vista teórico, trazendo para o currículo escolar a cidade enquanto espaço de aprendizagem, compreendendo sua função, sua gênese e o processo histórico em que foi produzida, estabelecendo uma nova referência para a geografia escolar. Do ponto de vista prático, ou seja, o recurso didático, adota-se o trabalho de campo que, segundo Marco (2006, p. 106), é o momento em que podemos visualizar tudo o que foi visto na sala de aula, em que a teoria se torna realidade.

O estudo da cidade não deve ser uma mera observação, não é somente uma topografia que se percorre ou uma paisagem que se descobre. É um espaço social do qual se apropria intelectualmente, como afirma Lacoste (2006, p. 82). O próprio trabalho de campo pode ser parte de uma pesquisa coletiva; ao ser conduzido, exigirá trocas entre os moradores e os pesquisadores – no caso, os próprios estudantes. O conhecimento sistematizado a partir desses estudos pode se tornar referência para a comunidade local e envolver os alunos tanto como pesquisadores quanto como cidadãos-aplicadores.

Fazer da cidade um objeto de educação geográfica e do currículo escolar significa pensar e organizar um projeto educativo da escola que supere a superficialidade conceitual, percebendo o mundo e as relações existentes entre a imagem e a fala. Para pensar o mundo conceitualmente, é necessário relacionar o significado com o significante; a concretização do conceito pode se dar ao se estabelecer uma relação mais eficaz entre o saber formal e o informal. Ou seja, trata-se de concatenar o saber escolarizado e o saber que o aluno formula a partir da sua vivência, dos seus valores e cultura.

Em relação à educação geográfica, para superar a superficialidade conceitual, destaca-se o método da análise da realidade vivida. Nessa perspectiva, torna-se possível aos alunos sair do estágio de mera decodificação de informações quantitativas ou morfológicas ou de impressionismo de aparências. Aprofundando as decodificações sobre a cidade, busca-se entendê-la como uma nova organização do território, como articulação de espaços descontínuos e fragmentados e como parte da experiência real de vida do aluno. Daí não se retomarem as temáticas escolares em relação ao que está próximo ou distante, o entorno ou as delimitações tradicionais da cidade em tipos de bairros, por exemplo. Ainda que tais conteúdos sejam "mais fáceis" de entender, pela simplificação do objeto que se busca conhecer, sua relevância é diminuta – e, por vezes, deletéria – em um projeto educativo que visa possibilitar a compreensão efetiva e a apropriação de conhecimento transformador sobre a cidade como método por excelência para uma real compreensão geográfica de lugares e espaços.

Estudar a cidade não significa descrever a paisagem e seus problemas, localizar onde há mais ou menos concentração vertical, as dificuldades e a abrangência da circulação ou apenas contar as diferenças econômicas entre os bairros. Os alunos precisam compreender que a cidade tem várias dimensões, que há várias cidades que possuem arranjos espaciais diversos, gestados em função não só do meio físico, mas do planejamento urbano e sua sobredeterminação econômica. Fenômenos como a expansão das áreas urbanas – e mesmo subterrâneos (estacionamentos, fiação de luz e telefonia, metrô) – devem ser articulados com os fenômenos produtivos e/ou culturais que têm lugar no urbano.

Nesse sentido, a cidade deve ser entendida pela dinâmica do território, pelo modo como se dá a sua organização espacial, o que significa uma percepção mais cuidadosa, marcada pela interação de redes de comunicação e de materialização de fluxos urbanos. Para além de descrever dados, urge entendê-los. Como Ribeiro (2004, p. 22) afirma, sobre a segmentação social e suas consequências, que

> a população de oito regiões metropolitanas salta nos últimos dez anos de 37 milhões para 42 milhões de habitantes, e suas periferias conhecem uma taxa de crescimento de 30%, enquanto as áreas mais centrais das metrópoles não crescem mais de 5%. Temos um período cada vez mais polarizado. Depois de 1996, a renda *per capita* nas cidades médias brasileiras aumentou 3% e nas periferias das grandes cidades, diminuiu 3%. Há dez anos a violência nas periferias era outra. Eram cometidos cerca de 30 homicídios por 100 mil habitantes.
>
> As metrópoles brasileiras concentram hoje, portanto, a questão social nacional e expressam o aprofundamento do divórcio entre a sociedade, a economia e o Estado.

As questões levantadas por Ribeiro são muito maiores do que simplesmente descrever os dados. Trata-se de uma análise dos problemas sociais urbanos e do papel do Estado. Um bom conteúdo de geografia exige, ao se estudar a cidade, a observação das áreas comerciais, do centro histórico, das áreas residenciais, da ocupação irregular, da exclusão geográfica e de sua correlação, permitindo ao aluno a compreensão do valor da cidade e de seus conflitos e contradições espaciais e as dimensões culturais da população que nela habita.

A partir do estudo assim conduzido, o aluno entende o significado do lugar de vivência, do pertencimento, reflete sobre padrões de segregação na gestão dos problemas urbanos – sejam eles de qualquer natureza –, associa fenômenos ambientais à gestão de recursos naturais (água, esgoto, saneamento, emissão de poluentes etc.), de preferência comparando o que acontece em diversas realidades de outras cidades, estados ou países com sua experiência pessoal. Estudar o lugar de vivência é vincular-lhe questões presentes em várias escalas de análise e permitir a associação criativa e referenciada na experiência concreta, de evidente maior capacidade de transmissão e fixação de conhecimentos.

Elementos para um projeto de "cidade-educadora"

Ter a cidade como um objeto de estudo geográfico é estudar seus sistemas de entradas e saídas; suas vias de acesso em vários pontos; as inter-relações com as aglomerações populacionais; a dinâmica econômica e cultural de seus moradores – que gera as características particulares dos bairros –; as relações socioambientais que se estabelecem; os serviços públicos e os problemas causados pela ausência deles; o quadro da saúde pública; em suma, os diversos elementos que compõem a paisagem do lugar.

Ensinar e estudar geografia tendo a cidade como ponto de partida facilita e socializa o processo de aprendizagem, porque os alunos articulam os conceitos científicos em redes de significados que não lhes são estranhos. Ao incorporar-se a linguagem cartográfica na elaboração de mapas e roteiros criados a partir da observação do cotidiano, estimula-se a apropriação de todo um cabedal de linguagem simbólica e transmite-se um instrumental de pesquisa que torna mais acessível a compreensão dos conceitos geográficos e, simultaneamente, fornece elementos de análise e intervenção concreta na realidade urbana em que vivem os próprios estudantes.

Na educação geográfica, estudar a cidade contribui decididamente para que os alunos identifiquem a ação social e cultural de diferentes lugares e nela se reconheçam, passando a compreender que a vida em sociedade é dinâmica e que o espaço geográfico absorve as contradições em relação aos ritmos estabelecidos pelas inovações, o que implica, de certa maneira, alterações no comportamento e na cultura da população dos diferentes lugares.

Deve-se considerar também a noção do tempo como mais um constituinte do espaço geográfico: observamos diversos elementos em que o tempo pode ser percebido. O modelado do relevo, avenidas e ruas; indústrias e campos, por exemplo, revelam em suas formas, simultaneamente, o passado e o presente. Tudo isso resulta de um processo na produção e organização do espaço, analisado a partir das relações sociais, econômicas, políticas, culturais e ambientais.

Temas como cidade, bairro, metrópoles e lugar (de vivência) estão presentes desde as primeiras séries do ensino fundamental e são relevantes por permitir aos alunos o conhecimento do espaço em que vivem, superando a investigação reduzida a nomes de rios ou capitais que, apesar de necessária, não é suficiente. É preciso desenvolver uma didática capaz de provocar no aluno, a partir de sua experiência pessoal, o interesse em compreender a cidade em que vive, seu significado social, sua estrutura no passado e no presente e as potencialidades de seu futuro.

Nesse sentido, o estudo da cidade contribui na formação dos conceitos de identidade e de lugar, expressos de diferentes formas: na consciência de que somos sujeitos da história; nas relações com lugares vividos (incluindo as relações de produção); nos costumes que resgatam a nossa memória social; na identificação e comparação entre valores e períodos que explicam a nossa identidade cultural. Permite também entender os arranjos espaciais oriundos das situações migratórias, que marcam suas identidades por meio de atividades culturais e religiosas, que ocupam, muitas vezes, os espaços públicos e que, via relações interfamiliares, compõem parte significativa do acervo cultural urbano e da experiência de vida do aluno.

Levar em consideração os processos culturais não é contrapor o que ocorre no lugar de vivência com o ocorrido em lugares diversos, mas reconhecer que há diferenças entre os lugares e os contextos em que acontecem as manifestações culturais. A dimensão da cultura urbana auxilia no estudo comparativo entre cidades, na medida em que características políticas, religiosas, ambientais e econômicas podem ser estudadas, ampliando a compreensão do aluno acerca do conceito de cidade e de seu lugar nela.

De outra parte, é também essencial mostrar, ao analisar as mudanças que ocorrem nos sítios geográficos e ao relacioná-las com a ocupação dos lugares no passado e no presente, que não é possível entendê-las sem a adição do aprendizado da dinâmica da natureza, evitando uma visão fragmentada da sua realidade. Portanto, existe a necessidade de estabelecer relações entre relevo, solo, hidrografia, clima, cobertura vegetal, em diferentes escalas, e a dinâmica da ocupação do lugar e da formação e desenvolvimento da cidade.

Dessa forma, o olhar geográfico do aluno pode ser estimulado ao comparar diferentes espaços e escalas de análise, possibilitando a superação da falsa dicotomia existente entre o local e o global, indo além do senso comum da ordenação concêntrica dos conteúdos geográficos, gerador de um discurso meramente descritivo do espaço geográfico. Nesse caso, destacamos a importância de estabelecer relações entre essas escalas, criando condições para que o aluno ordene os espaços estudados, comparando os fenômenos geográficos, notando a acessibilidade e a rapidez dos meios de transporte, a velocidade dos meios de comunicação para transmitir informações e imagens de vários países do mundo, ampliando a ideia de escala.

Análise em várias escalas geográficas possibilita o processo de generalização dos fenômenos e objetos que serão estudados. Além disso, podem-se articular os conceitos e estruturá-los em uma rede de significados. A interpretação dos fenômenos geográficos também ganha significado quando o aluno entende a diversidade da maneira como se dá a organização dos lugares, quando compreende o conceito de território; daí reafirmarmos que a leitura de mapas e a elaboração de mapas cognitivos são elementos imprescindíveis para a compreensão do discurso geográfico.

A ideia de estruturar um projeto educativo tendo a cidade como um elemento-chave implica ter como fundamento a cidade enquanto conceito a ser construído pelos alunos, passa por considerá-la como chave para uma ação pedagógica. Portanto, como afirmam Gómez-Granell e Vila (2003, p. 28-30), um projeto educativo da cidade é um plano estratégico capaz de definir linhas estratégicas e atuações concretas para um futuro próximo, mas que requer certas condições:

- capacidade de inovação e reflexão partindo de um diagnóstico da realidade socioeducativa da cidade e do território, em que se definam os problemas e principais tendências da sociedade;
- participação cidadã, um projeto que deve ser revertido para a comunidade local e a sociedade em geral, contribuindo para mobilizar a capacidade social de reflexão;
- consenso e ação, pois é imprescindível que haja um componente essencial de compromisso com a ação, que deve ser negociado com o grupo.

Quando se pensa em um projeto na escola deve-se tratá-lo coletivamente e com linhas estratégicas, envolvendo a comunidade. Ao educador cabe o reconhecimento dos conceitos que fundamentam o conhecimento geográfico – e as articulações existentes entre eles – e a didática de como relacioná-los com os conceitos de outras áreas necessárias para contextualizar e dar significados à rede conceitual.

É um projeto lento e de largo alcance. Para realizá-lo, exige-se tempo suficiente para que os conceitos – tanto os geográficos e cartográficos, quanto os das outras áreas – sejam apropriados e internalizados. Não se trata de reduzir o projeto a atividades de visitações e observações, mas de garantir que faça parte do currículo escolar, envolvendo um grande número de disciplinas, que terão como objeto de estudo a cidade, a partir de diferentes olhares. Trata-se de conceber um projeto bem articulado, que propicie uma reflexão sobre a realidade e as diferenças socioculturais e econômicas, que analise diferentes cidades e que seja um projeto coletivo da escola. Outro elemento indissociável em um projeto dessa natureza é a conquista da compreensão, por todos os seus atores, da cidade como expressão de um modo de vida, e desse modo de vida como expressão de um modo de produção.

Ter na cidade um foco prioritário de ensino e aprendizagem, nos moldes aqui discutidos, exige, também, criar espaços de encontros e análises envolvendo as comunidades (pais e mães; lideranças comunitárias; autoridades locais etc.). Todas as cidades educam, na medida em que a relação do sujeito, do habitante, com esse espaço é de interação ativa e dialética e trazer essa experiência, real e cotidiana, como parte integrante da ação pedagógica, leva a eficácia do processo de aprendizagem a um patamar superior.

Bernet (1993, p. 195) afirma que:

> La escuela-ciudad constituye también una estrategia pedagógica de tipo propedéutico para formar al ciudadano adulto. Así, Piaget, comentando favorablemente el self-government, escribía: Más que imponerse a los niños un estudio completamente verbal de las instituciones de su país y de sus deberes ciudadanos, está efectivamente muy indicado aprovechar los tanteos del niño en la constitución de la ciudad escolar para informarle sobre el mecanismo de la ciudad adulta.

Compreender a cidade nessa dimensão pedagógica configura reconhecê-la como um meio em que a escola está inserida, mas que não terá o papel de substituí-la na formação educativa do aluno. A cidade é, isso sim, o objeto de estudo que dinamiza a prática docente e torna a geografia mais significativa. Por outro lado, a orientação da vida coletiva nas cidades de diferentes portes ocorre em função das ações de vários agentes, que realizam diferentes atividades educativas (agências de trânsito e ambientais, escolas, ONGs), e a própria cidade não só reúne agentes, ela mesma é um agente educativo. Seu arranjo e sua configuração são, em si mesmos, espaços educativos.

Destaca-se, assim, a possibilidade de se efetivar um projeto de *cidade educadora*, que significa, entre outras coisas, realçar seu caráter de agente formador, sua dimensão educativa.

Porém, falar em cidade educadora no contexto da educação geográfica ou de um projeto educativo significa destacar a possibilidade de, pela mediação da escola e do trabalho escolar com a geografia, formar cidadãos que conhecem, de fato, a cidade em que vivem, que compreendem os lugares como locais produzidos segundo projetos sociais e políticos determinados. Sendo assim, sua participação nessa produção é viável e desejável e pode contribuir para garantir nela a melhor vida coletiva possível.

Ao entendermos que o professor é agente do processo de ensino e aprendizagem e, ao mesmo tempo, é portador de uma cultura que sintetiza sua experiência vivida no local e é também produto de formação acadêmica e profissional – que lhe permite conhecer e analisar espaços urbanos numa perspectiva de totalidade –, esboça-se o desafio de integração desse conjunto de perspectivas e experiências, por vezes antagônicas, de forma a capacitá-lo para fazer da cidade o objeto de estudo de um projeto interdisciplinar e educativo. Em outras palavras, trata-se de fundir, de forma integradora, a "cidade do professor" com "a(s) cidade(s)" de seus alunos.

Na elaboração de um projeto educativo sobre a cidade, vários enfoques devem ser considerados:

- *histórico e patrimonial*, levando em conta a dimensão cultural, historicamente acumulada, compreendendo as mudanças e as permanências dos conjuntos das construções urbanas e tendo o tempo social como um conceito que dialoga com o espaço social;
- *ambiental*, compreendendo a cidade a partir das mudanças que ocorreram no meio natural e nas inter-relações existentes entre a sociedade e a natureza;
- *morfológico e social*, entendendo que o espaço urbano é dinâmico e complexo, pois é o lugar em que ocorrem os fluxos populacionais e comerciais, a produção industrial e a concentração de conflitos de interesses socioculturais e econômicos;

- *cidadão*, compreendendo a gestão da cidade e suas políticas públicas.

Esses enfoques podem ser ampliados em função dos objetivos do projeto educativo ou geográfico para estudar a cidade; do ponto de vista da didática, pode-se estruturar uma sequência didática que utilize leitura de imagens, fotografias, obras de arte; elaboração de um pequeno documentário; leitura de documentos como mapas, fotos e textos.

Do ponto de vista da aprendizagem, altera-se a concepção de como pensar uma aula ou organizar um projeto, cujo objetivo é desenvolver o conhecimento escolar de forma mais articulada e significativa, tendo como referência a dimensão científica dos conceitos presentes nesse estudo. A expectativa é a de que os alunos tragam seus elementos individuais de cultura urbana, para que possam ser comparados com os dos outros colegas de classe e dos professores de geografia, para possibilitar a compreensão das diferenças culturais e sociais existentes entre várias cidades e seus moradores.

O processo de aprendizagem que tenha como ponto de partida a cidade requer uma compreensão, por parte do professor, mais epistemologicamente profunda no campo da geografia. Quando tratamos da construção do conhecimento, entendemos que ela é o resultado de um processo construtivo realizado pelo próprio sujeito e intermediado pelo professor. Por isso, ao identificarmos a dificuldade de implantar um projeto coletivo na escola, levamos em conta a formação específica dos professores e os discursos pedagógicos típicos do ensino tradicional.

No entanto, assim como nosso próprio cotidiano coletivo constrói as cidades – e nelas se constrói –, a dinâmica urbana cotidiana exigirá, como já exige, que seus cidadãos sejam capacitados para o exercício da vida na cidade. Aos professores, particularmente os de geografia, está proposto o desafio de ensinar a cidade por meio dela própria.

Outro caminho para estudar a cidade é a partir de um problema ambiental.

Lendo o mapa físico

Organização

Os alunos deverão estar organizados em pequenos grupos.

Ao dar início à proposta didática, destacar que qualquer intervenção humana na natureza deve ser precedida de um estudo sobre as consequências na área em questão.

Para fazer um estudo sobre a viabilidade de uma construção em um determinado lugar, por exemplo, é necessário analisar todas as alterações que serão realizadas no meio ambiente.

Existem órgãos responsáveis pelo estudo de impactos ambientais, que envolvem os diversos aspectos do meio físico: relevo, solo, hidrografia, vegetação, clima e fauna. Nessa sequência de atividades, a proposta é utilizar os mesmos critérios para analisar a implantação de um complexo turístico no estado de São Paulo. Os mapas a seguir servirão de base para os seus estudos sobre impacto ambiental.

Procedimentos:

Leitura de mapas

A leitura de mapas possibilita explorar documentos, representar lugares em diferentes tempos e fenômenos (mapas meteorológicos, clima, indústria, densidade demográfica, biomas e outros).

Sugestões de trabalho

- Iniciar o trabalho conversando sobre o tema do mapa.
- Descrever o mapa. Essa descrição pode ocorrer anteriormente à leitura da legenda, para que todos os fenômenos re-

CAPÍTULO 6 Trabalhando com um Projeto Educativo Sobre a Cidade

presentados sejam analisados e depois comparados com a legenda já apresentada no mapa.
- Organizar e classificar os elementos ou fenômenos representados no mapa. Classificar por semelhanças – vegetação; construções; rios e lagos etc.
- Hierarquizar (por ordem de importância) os elementos ou fenômenos classificados.
- Elaborar uma legenda, utilizando cores, símbolos, signos ou formas geométricas.
- Comparar a legenda elaborada pelos alunos com a apresentada no mapa. Discutir o critério de organização da legenda.

Como Fazer: *Trabalhando com mapa físico ou relevo*

a) Considerar a topografia, as formas de relevo e curvas de nível.

A topografia permite que o aluno perceba como é o terreno do lugar: a presença de muitas ladeiras ou não, os bairros em que ocorrem enchentes, o custo das edificações das construções. Nesse estudo, podem-se destacar o bairro, o município, o estado. Enfim, a partir de um estudo local, podemos fazer outras relações de escalas (regional ou local).

As formas de relevo são apresentadas no mapa a partir da altimetria (altitude) relacionada com as cores. Nesse caso, consideram-se as cores como convenções cartográficas.

Observar a hidrografia do lugar e conversar sobre os percursos dos rios (nascente e foz) e a organização das bacias hidrográficas.

As curvas de nível podem ser trabalhadas com atividades que permitem ao aluno comprovar que a visão a partir dos mapas é vertical (de cima para baixo).

Por exemplo: colocar uma rocha em uma cuba. Aos poucos, encher a cuba de água. Cada vez que se colocar a água, cobrir a cuba com papel de seda ou plástico transparente e contornar a rocha. Cada traço irá representar uma curva. A menor é a mais alta, por isso a representamos com cores escuras, e as mais baixas, com cores claras. Outro aspecto que podemos destacar é que, quanto mais íngreme o terreno, mais próximas estarão as curvas de nível; quanto mais espaçadas as curvas, mais amplo será o terreno.

Situação-problema

Supondo que será construído um empreendimento (como um complexo industrial, uma hidrelétrica ou um polo turístico), você e seu grupo terão que escolher o melhor local para construí-lo. Para isso, vocês terão de considerar os seguintes aspectos:

- A infraestrutura para o turismo.
- As áreas em que estão os recursos naturais remanescentes que devem ser preservados. As reservas indígenas e os remanescentes de quilombos.
- A facilidade de acesso (rodovias, ferrovias, hidrovias).
- A localização das cidades próximas para auxiliar na infraestrutura.

Produto final

Nesse estudo, devem-se observar todas as características que podem ser atraentes para a construção de um empreendimento com o menor impacto ambiental. Essa análise gerará um relatório favorável ou desfavorável sobre a implementação do empreendimento.

1º momento

A classe ou os grupos devem escolher um tema e o local, como um bairro ou uma cidade, para ser estudado, utilizando o atlas para fazer a leitura dos mapas e a correlação entre eles. Iniciar o estudo pelas informações da área quanto ao clima, vegetação, hidrografia, solo, relevo, fauna.

Leitura dos mapas temáticos.

2º momento

Em grupo, observar os mapas do Brasil ou do estado de São Paulo e definir os critérios para a elaboração do estudo.

Os alunos devem considerar, a partir da leitura dos mapas:

- o impacto na fauna e na flora;
- a poluição do ar e da água;
- o congestionamento e o fluxo dos meios de transporte;
- os benefícios que o projeto pode gerar, em relação aos empregos, impostos, crescimento do comércio, ou os problemas que podem surgir para a população, caso ele venha a ser implementado.

3º momento

Elaborar, junto com o relatório, um mapa da área em que será construído o empreendimento (para isso, resgate como se calcula uma escala gráfica e organize uma legenda). Nesse procedimento, pode-se elaborar um mapa que apenas contorne o limite da área ou região em que será construído o empreendimento, podendo se elaborar um croqui (como foi descrito no Capítulo 4).

4º momento

Fazer um relatório sobre o impacto ambiental, a partir do texto argumentativo, com parecer favorável ou desfavorável ao projeto, citando a viabilidade econômica, a baixa intervenção na natureza e os benefícios para a população local. A análise pode ser contrária à implementação do projeto.

> Para fazer um relatório sobre o impacto ambiental, considerar em relação à área que está sendo estudada:
>
> - o modo de vida da população;
> - a maneira como os recursos naturais são utilizados;
> - o modo como são utilizados a bacia hidrográfica ou o rio existente na região;
> - o relevo e a estrutura geológica;
> - a vegetação remanescente e o uso do solo.

Síntese da avaliação dos problemas ambientais causados pela construção, apresentando os aspectos positivos ou negativos. Sugestão: para alunos que escolheram o mesmo tipo de empreendimento, dividi-los em grupos, sendo um deles favorável e o outro contrário ao projeto.

Para que serve uma análise de impacto ambiental

A procura pelo *EIA/Rima* (Estudo de Impacto Ambiental) é cada vez maior, principalmente por parte de empresas e órgãos do governo que pretendem construir alguma obra que possa causar impactos à sociedade e à natureza. Esse estudo técnico é geralmente realizado por profissionais de diferentes áreas: geógrafos, historiadores, engenheiros, sociólogos, agrônomos, ambientalistas; numa equipe interdisciplinar com esse estudo, procura-se evitar problemas ambientais significativos para a comunidade local, reduzindo assim ao máximo os impactos negativos e os custos socioeconômicos pela sugestão de medidas que amenizem esses impactos ou impeçam a realização do projeto.

Bibliografia

ARRIGHI, G. *O longo século XX*. 5. ed. Rio de Janeiro: Contraponto; São Paulo: Editora da Unesp, 1996.

BERNET, J. T. *Outras educaciones*: animación sociocultural, formación de adultos y ciudad educativa. Barcelona: Anthropos; México: Universidad Pedagogica Nacional, 1993.

BLANCO, J.; GUREVICH, R. Uma geografia de las ciudades contemporâneas: nuevas relaciones entre actores y territórios. In: ALDEROQUI, S.; PENCHANSCKY, P. *Ciudad y ciudadanos*: aportes para la enseñanza del mundo urbano. Buenos Aires: Paidós, 2002. p. 67-93.

CARVALHO, A. M. P. de. Critérios estruturantes para o ensino de ciências. In: CARVALHO, A. M. P. de. (org.). *Ensino de ciências*: unindo a pesquisa e a prática. São Paulo: Pioneira Thomson Learning, 2004. p. 1-17.

GÓMEZ-GRANELL, C.; VILA, I. Introdução. In: GÓMEZ-GRANELL, C.; VILA, I. (orgs.). *A cidade como projeto educativo*. Porto Alegre: ArtMed, 2003. p. 15-35.

LACOSTE, Y. A pesquisa e o trabalho de campo: um problema político para os pesquisadores, estudantes e cidadãos. *Boletim Paulista de Geografia*. n. 84, p. 77-92, julho de 2006.

MARCO, V. de. Trabalho de campo em geografia: reflexões sobre uma experiência de pesquisa participante. *Boletim Paulista de Geografia*. n. 84, p. 105-136, julho de 2006.

MOREIRA, R. *Para onde vai o pensamento geográfico?* Por uma epistemologia crítica. São Paulo: Contexto, 2006.

RIBEIRO, L. C. Q. *Metrópoles*: entre a coesão e a fragmentação, a cooperação e o conflito. São Paulo: Fundação Perseu Abramo; Rio de Janeiro: Fase, 2004. p. 17-40.

SANTOS, M. *Da totalidade ao lugar*. São Paulo: Edusp, 2005.

SANTOS, M. *Pensando o espaço do homem*. São Paulo: Edusp, 2004.

CAPÍTULO 7
O uso do livro didático

Em tempos de multimídia, computadores, ensino à distância e outras inovações tecnológicas na educação, o livro didático ainda continua sendo um dos suportes mais importantes no cotidiano escolar e é, sem dúvida, o mais utilizado e solicitado. E será dentro desse contexto que iremos analisar a sua função e o seu processo de elaboração. Em relação à função que o livro didático desempenha, analisaremos alguns hábitos de trabalho que persistem nas escolas e a metodologia utilizada tanto pelos autores quanto por docentes.

O cotidiano escolar nos revela que o livro didático é um instrumento de ação constante e que ainda encontramos muitos professores que o transformam em um mero compêndio de informações, ou seja, utilizam-no como um *fim*, e não como um *meio*, no processo de aprendizagem.

Contudo, entendemos que a função do livro didático é muito mais ampla do que aquela a que estamos acostumados a observar nas salas de aula: a leitura e/ou a cópia sem questionamentos e discussões das temáticas propostas nele. Entendemos que o uso do livro didático deveria ser um ponto de apoio da aula para que o professor pudesse, a partir dele, ampliar os conteúdos, acrescentando outros textos e atividades e, portanto, não o transformando no objetivo principal da aula.

Nessa perspectiva, podemos analisar as várias concepções metodológicas e de aprendizagem que aparecem nos livros didáticos e quais são as funções que podemos lhes atribuir, principalmente no que se refere à compreensão que o professor tem sobre elas. Muitas das críticas em relação ao uso do livro em sala de aula estão fundamentadas na maneira como as atividades estão sendo desenvolvidas. Nesse caso, podemos avaliar as concepções – a existente na proposta do livro didático e a do professor – verificando, por exemplo, se há coerência ou não entre elas.

As etapas metodológicas estão relacionadas com a concepção que o autor tem tanto do processo de aprendizagem quanto da abordagem do conteúdo. O livro pode se revelar, por exemplo, tradicional ou socioconstrutivista, ou apresentar outra base teórica. Essa é uma característica que nos permite fazer as escolhas adequadas à nossa realidade, ou seja, se o professor tem clareza da linha teórica que segue, com certeza saberá escolher e utilizar a obra escolhida.

Assim sendo, o professor deve perceber se há, no corpo do livro didático, coerência entre a concepção da obra e o modo como o conteúdo é tratado: escolha e sequência temática, organização das atividades e linguagem, sendo esses alguns exemplos que retratam a concepção teórico-metodológica do livro didático.

Além disso, para utilizar um livro didático com eficácia, é importante que o docente considere os objetivos apresentados nas unidades ou nos capítulos para se apropriar da proposta pedagógica presente neles, tornando os conteúdos mais significativos e menos descritivos. Essas considerações sobre a função do livro didático no processo de aprendizagem podem parecer óbvias – de senso comum, como diriam alguns educadores –, no entanto, entendemos que são necessárias para destacar a diferença entre o discurso didático da sala de aula, muitas vezes retórico, e a metodologia presente no livro didático.

Infelizmente, ainda observamos, a partir das pesquisas que fazemos em escolas e dos estágios realizados por alunos do curso de licenciatura, que o uso do livro didático em sala de aula reflete, na maioria das vezes, uma falta de compreensão da interação que pode haver entre os fundamentos metodológicos e as práticas docentes, não garantindo a aprendizagem nem atingindo os objetivos definidos pelos autores.

A possibilidade de trabalhar o livro didático relacionando-o com a vida cotidiana é essencial. Um dos problemas recorrentes nas aulas é a ineficácia da utilização do livro, na medida em que apenas se memoriza o que está escrito e não se analisam os dados e as informações presentes nos textos didáticos, não criando também outras possibilidades de ampliar o conhecimento escolar. Nesse sentido, Gerard e Roegiers (1998, p. 81) afirmam que "o mais marcante das aprendizagens escolares, especialmente no caso das populações mais desfavorecidas, manifesta-se muitas vezes na incapacidade de um aprendente em utilizar os saberes escolares numa situação apenas um pouco diferente das que se encontram na escola".

Essa afirmação corrobora o que estamos analisando, porque apesar das críticas que podemos fazer à presença do livro didático na sala de aula, temos de ter consciência de que a sua função é muito maior do que a simplificação que fazemos dele, ao utilizá-lo como um fim e não como um meio, como já afirmamos, no processo de ensino e de aprendizagem.

Tentar alcançar objetivos de integração dos saberes adquiridos deveria ser uma das principais preocupações do professor, pois utilizaria a sua autonomia e criatividade para ampliar as informações existentes nos livros. Quaisquer que sejam as concepções que os docentes tenham do processo de aprendizagem, deveriam levar em conta atividades que motivem o raciocínio e as capacidades cognitivas, relacionando os conteúdos propostos no livro com o cotidiano do aluno.

Nessa perspectiva, os fundamentos teóricos e metodológicos que norteiam o processo de aprendizagem definirão o processo didático e, portanto, os objetivos, as atividades e as atitudes possíveis de ser exercidas nas aulas. Isso significa, inclusive, que, a partir de um mesmo conteúdo, poderemos ter diferentes níveis ou tipos de complexidade das atividades, ou seja, poderemos desenvolver com o aluno situações de aprendizagem mais simples e, passo a passo, ampliar o nível de complexidade delas. As ações docentes, mesmo com base nos livros didáticos, deveriam ser desafiadoras e criativas, contribuindo para que o aluno não viva passivamente ante o conhecimento escolar.

Além da possibilidade que o livro didático oferece em relação às concepções de aprendizagem, há uma outra que é uma função tradicionalmente mais conhecida e que motiva mais críticas – a que oferece datas, fórmulas, fatos, ou seja, informações mais exatas. Nessa abordagem, podemos encontrar contradições; para alguns professores, essas informações são desnecessárias, já que compreendem a organização dos conteúdos de maneira mais contextualizadas e integradas; para outros, a utilização dessas informações garante as explicações, mesmo sendo descritivas e sem significado para o aluno. Porém, o que está em jogo não é só o tipo de informação, mas a maneira como é desenvolvida em sala de aula. Consideramos que essas informações soltas não têm nenhum valor pedagógico; no entanto, quando inseridas em um contexto, poderão contribuir para ampliar os interesses dos alunos.

Nesse contexto, o aluno deveria ser capacitado, a partir das atividades de aprendizagem, a não apenas repetir os conteúdos, mas também organizar, comparar, relacionar, analisar as informações. Essa prática tornaria o uso do livro mais eficaz, contribuindo para o desenvolvimento de um saber escolar que permitiria ao aluno estabelecer relações com o seu conhecimento não-formal adquirido em sua vivência social, cultural, religiosa e política.

Os livros didáticos desempenham outras funções e, entre elas, há numerosas tentativas que visam não limitar essa transmissão de conhecimentos a um processo de aprendizagem predeterminado e inserir problematizações, projetos e temas transversais (PCNs – Parâmetros Curriculares Nacionais) que estão presentes em várias abordagens dos atuais livros didáticos, com enfoque social e cultural, respeitando a diversidade cultural, os saberes ligados ao comportamento, às relações com o outro, à vida na sociedade em geral.

Um livro didático com uma proposta coerente não permite apenas assimilar uma série de informações, mas visa igualmente à aprendizagem de métodos e atitudes ou, até mesmo, hábitos de trabalho e de vida (Gerard e Roegiers, 1998). Sem dúvida essa afirmação só se tornará verdadeira conforme a concepção teórico-metodológica que o autor tem e o uso que o professor faz dela em sala de aula.

Para avaliar os livros didáticos existentes no Brasil, o governo implementou, em 1996, um sistema específico. Entre as justificativas para o sistema estava o fato de o governo ser o maior comprador das obras, e daí a necessidade de estabelecer critérios de avaliação para melhorar a qualidade dos livros utilizados nas escolas. Além disso, havia o fato de o governo ter percebido a enorme gama de erros conceituais e inadequações de conteúdo e linguagem: imagens que eram colocadas de forma arbitrária no texto, sem nenhuma articulação com o conteúdo; afirmações que mais pareciam partidarismos da corrente à qual o autor se filiava; conhecimento científico apresentado com viés de senso comum, entre outros exemplos.

Sem dúvida, foi um projeto ousado, porém necessário. Dessa forma, o Programa Nacional do Livro Didático (PNLD) ganhou visibilidade, e as escolas brasileiras puderam ter livros com melhor qualidade técnica e pedagógica, na medida em que a avaliação interferiu na qualidade científica e gráfica. Além disso, garantiu-se que os alunos não utilizassem livros que continham termos ou ilustrações com algum tipo de preconceito, principalmente racial, ao mesmo tempo em que foram assegurados textos e imagens de diferentes características sociolinguísticas e o uso de linguagens diversificadas no material.

Esse conjunto de critérios contribuiu muito para a melhoria da qualidade dos livros didáticos e, consequentemente, os professores ficaram mais atentos aos conteúdos e conceitos que estão presentes no livro e são desenvolvidos em sala de aula.

O sistema de avaliação do livro didático proporcionou outra postura dos autores e das editoras em relação ao compromisso que se pode ter com a melhoria do ensino na escola pública, pois, em áreas carentes, o livro didático poderá ser o único ao qual o aluno terá acesso.

A elaboração do livro didático

Uma outra questão que iremos analisar está relacionada às etapas de elaboração do livro didático. Sem dúvida, podemos abordar essa questão apenas em linhas gerais, na medida em que a diversidade é grande e não existem regras exatas e universais para a elaboração de uma obra. No entanto, trata-se de um conjunto de ações que leva anos para chegar ao produto final.

Para realizar uma coleção (com quatro volumes) ou um volume didático é preciso encará-los em um processo circular, pois os autores e editores enfrentarão frequentes avanços e recuos entre as várias etapas. O processo se inicia com a elaboração de um projeto, no qual devem constar os principais objetivos da obra, o prazo de realização e a concepção da área e de aprendizagem. Essas necessidades permitem avaliar o desvio entre o real e o desejável.

Ao se fazer a explicitação da concepção de aprendizagem e da delimitação dos conteúdos, é relevante ter o conhecimento global e as tendências teóricas da área. Durante o processo de realização haverá um certo número de modificações, sendo que a primeira pode ser a delimitação do conteúdo. A escolha do conteúdo ou do tema, em alguns momentos, pode não dar conta de todas as informações que se quer incluir no livro, havendo a necessidade de atualizações e também de recortes temáticos.

Em função desses recortes, deparamo-nos com críticas como: "Por que um determinado conteúdo está presente e outro não?". É importante saber que a escolha do conteúdo é um dos complicadores na organização de uma obra, em face da opção que se está fazendo, principalmente quando a abordagem não é conteudista. Outro aspecto da elaboração está relacionado à adequação da linguagem, em que deve levar em conta a faixa etária para a qual está se escrevendo.

Para ter certeza do caminho em construção, há necessidade de aplicar os capítulos em sala de aula, testando a linguagem, as atividades e os textos complementares. Dessa forma, podem-se avaliar a coerência interna e a adequação das atividades e, ainda, realizar várias correções das provas até chegar à impressão do livro.

No processo de elaboração do livro didático, o trabalho em equipe ocorre ao longo da construção do projeto na escolha adequada das ilustrações, fotografias, composição e paginação – enfim, na escolha do projeto gráfico. Em todo o caminho de elaboração da obra didática, autores e editora/editoria devem estar em sintonia para que o produto final saia o melhor possível. Todas as etapas descritas parecem simples, mas tudo é minuciosamente cuidado.

Muitas das críticas realizadas desconsideram o envolvimento da equipe com os autores e o trabalho que eles têm de realizar para garantir a qualidade do livro. Portanto, trata-se de um percurso muito complexo que necessita passar por diversas etapas, integrando elementos que resultam das escolhas do indivíduo e das limitações existentes.

Bibliografia

GERARD, F.M.; ROEGIERS, X. *Conceber e avaliar manuais escolares*. Coleção Ciências da Educação. Porto. Porto Editora, 1998.

CAPÍTULO 8
Um pequeno comentário sobre a avaliação da aprendizagem

Durante anos, e pode-se afirmar que até hoje ainda há um senso comum na sociedade que a avaliação é sinônimo de resultados eficazes obtidos diante de determinado trabalho solicitado. Em um contexto fabril, avaliar significava elaborar questões cujo objetivo era verificar o resultado de ações diretas (principalmente os comandos que deveriam ser realizados pelos funcionários de um determinado setor). Desses resultados dependia a mobilidade do empregado na estrutura da empresa. No contexto escolar, mesmo com o avanço provocado pela Psicologia Desenvolvimentista, em que se procurou analisar como o sujeito elabora estratégias, articula informações, realiza conexões e aprende, permanece a visão da avaliação de resultados.

Entendemos que a avaliação refere-se, antes de tudo, à forma com que o professor encara o conteúdo de sua área, os fundamentos dela e o processo de aprendizagem. Isso significa que quando tratamos da avaliação no cotidiano escolar, nos envolvemos, também, com a prática docente e com o currículo escolar.

Dessa maneira, a avaliação não é um fato isolado ou apenas uma maneira de quantificar o conhecimento do aluno. Se compreendemos a avaliação como instrumento que nos permite saber se houve ou não aprendizagem, deve-se ter clareza de que faz parte do processo e é contínua. Com a avaliação, o professor tem condição de saber e diagnosticar quais são os problemas relacionados à aprendizagem: se é cognitivo ou afetivo, se é uma dificuldade ou um bloqueio.

Consideramos que a avaliação é um processo e que a cada proposta desenvolvida em sala de aula temos condição de avaliar se o caminho que estamos fazendo deve ou não ser repensado. Neste sentido, concordamos com Cesar Coll (1996), quando afirma que *"a avaliação é um instrumento de controle do processo educacional: o êxito ou o fracasso nos resultados de aprendizagem dos alunos é um indicador do êxito ou do fracasso do próprio processo educacional para conseguir os seus fins"*.

Podemos, portanto, a partir dessa reflexão considerar quatro questões básicas para se pensar a avaliação: O quê? Como? Por quê? e Para quê? Ou seja, questiona-se o conteúdo, a escolha que o professor realiza e os objetivos que se propõem no currículo escolar, tendo claro que essas questões podem auxiliar no processo de avaliação para que seja coerente com o projeto educacional que o professor está viabilizando.

Ronca e Terzi (1994) esclarecem que o ato de avaliar implica em possibilitar que o aluno realize operações mentais. Mas quais são essas operações mentais? Em que medida essas operações podem servir como instrumento de análise? Quais os momentos que podemos avaliar?

Essas três perguntas são a chave para o entendimento do que se espera não apenas que o aluno seja capaz de fazer em um determinado momento, mas compreender qual deve ser o fim do ensino, tanto o geral quanto o da Geografia, objeto de nosso estudo.

Acreditamos que o objetivo principal do professor é o de auxiliar o aluno a organizar seu pensamento e a formar o pensamento científico. Essa organização do pensamento e formação científica é feita, fundamentalmente, por meio de operações mentais que o professor incentiva em seus alunos. Operar mentalmente é agir sobre o pensamento, é dar sentido ao conhecimento que se está adquirindo, é tornar o aluno capaz de reconstruir por si só aquilo que aprendeu.

CAPÍTULO 8 Um Pequeno Comentário Sobre a Avaliação da Aprendizagem

Por isso, a avaliação torna-se um recurso para ser utilizado pelo professor não apenas em um contexto de prova, mas ao longo do processo educativo, ou seja, que se utilize de outros instrumentos de avaliação que não apenas as provas. Podem, por exemplo, avaliar o desempenho que tiveram, individualmente e em grupo, nas atividades de construção de um jogo, de uma maquete, de um estudo do meio.

Não queremos com isso diminuir ou mesmo renegar a necessidade de uma avaliação individual; ao contrário, ela é necessária para que o aluno se certifique de sua responsabilidade no processo educativo e, fundamentalmente, para avaliar a aprendizagem conceitual.

No processo de avaliação encara-se questões como: O que de fato pode ser avaliado? Como se define uma avaliação? Quais são os objetivos? Que tipo de conteúdo e informações são importantes de serem trabalhadas em tal contexto (de sala de aula, de projeto...)? Como o aluno adquiriu esse conhecimento? Como podemos avaliar? Essas indagações podem contribuir para o processo de ensino e de aprendizagem sem que seja apenas uma postura quantitativa e classificatória como muitas vezes ocorreu e que ainda ocorre.

Entender a avaliação vai tomando uma dimensão mais ampla, ou seja, um caráter holístico, na qual as questões principais estão relacionadas com os procedimentos que irão contribuir para mudanças no currículo. Essas alterações curriculares não implicam necessariamente em conteúdos diferentes, mas em uma concepção curricular que integre, contextualize e dê mais significado ao que se aprende.

Para os autores que trabalham com a avaliação escolar como Hadji (1994) e Luckesi (1997), é importante que se questionem os objetivos que estão a ela ligados: para reorientar a metodologia que vem sendo utilizada, para descobrir o tipo de conteúdo que os alunos sabem, como trabalham com as informações coletadas, para medir o impacto que determinadas mudanças tiveram na reorganização do planejamento das aulas dos professores, entre outros.

O que pretendemos verificar, tal o sentido da avaliação presente nesta obra, dependerá do tipo de instrumento que utilizaremos, como pode ser observado na tabela a seguir.

Quadro-síntese dos tipos de avaliação

AVALIAR POR QUÊ?	AVALIAÇÃO FORMATIVA – MELHORAR AS CONDIÇÕES DA APRENDIZAGEM					AVALIAÇÃO SUMATIVA (CERTIFICAR OS RESULTADOS DA APRENDIZAGEM)	
QUANDO?	Precisamente antes. AF à partida	Durante a aprendizagem		Precisamente após.		Após o fim do período de formação	
		AF interativa	AF diagnóstica	AF pontual	AF de etapa	AS interna	AS de formação
O QUÊ?	Conhecimentos, saber-fazer, atitudes, condições exteriores necessárias para abordar o estudo	Compreensão da tarefa – Motivação pessoal e de grupo – Método de trabalho – Representação dos alunos (erros...)	Condições – pessoais (aptidões, bloqueios afetivos) – familiares – sociais (contexto cultural) – médicas ...	- Resultados de uma sequência de treino – Análise dos principais sub-objetivos	Aquisição dos comportamentos terminais encarados prioritariamente pelo professor	Aquisição dos pré-requisitos para formações posteriores: conteúdos curriculares	Aquisição de saber fazer socialmente significativo (em situação real)
COMO OBSERVAR? (MEDIR)	Percurso – sem instrumentos (observação, conversa) – com instrumentos (teste de conhecimento, grelha de observação, auto-avaliação	Percurso sobretudo sem instrumentos (análise dos erros, observação do comportamento global, multiplicação das fontes de informação, auto-avaliação)	Percurso sobretudo com instrumentos (provas, testes, questionários, escalas de avaliação, grelhas de observação)	Utilização de meios de informação à disposição (exercícios, fichas, trabalhos escritos)	Percurso sobretudo com instrumentos (provas coletivas)	Instrumentos de aferição dos objetivos do programa	Instrumentos assentes em objetivos terminais de integração

AF = Avaliação formativa   AS = Avaliação sumativa

Fonte: CARDINET. *Pour apprécier le travail dês eleves*, Bruxelas: De Boeck. 1986. p. 72-73.

CAPÍTULO 8 Um Pequeno Comentário Sobre a Avaliação da Aprendizagem

Hierarquia dos objetivos e hierarquia dos instrumentos de avaliação*

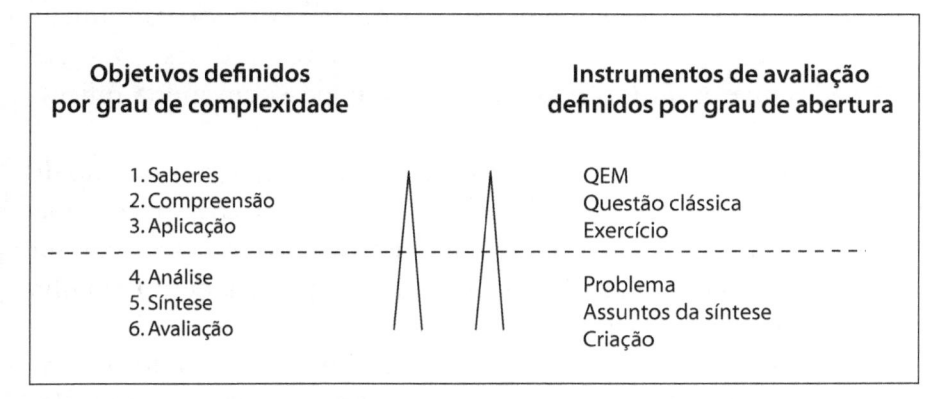

Objetivos definidos por grau de complexidade	Instrumentos de avaliação definidos por grau de abertura
1. Saberes 2. Compreensão 3. Aplicação	QEM Questão clássica Exercício
4. Análise 5. Síntese 6. Avaliação	Problema Assuntos da síntese Criação

* ABERNOT, Y. *Les méthodes de l'evaluation scolaire*: Paris, Dunod. 1988, p. 85.

Nas situações em que avaliamos aquilo que se ensina, é importante não perder de vista as atitudes, competências e qualidades que se pretenda que o aluno tenha e, voltando à tabela anterior, indagarmos sobre o tipo de aluno que desejamos formar.

Qual o conhecimento geográfico mínimo que um aluno de ensino fundamental e médio deve ter? Até onde eles podem e devem ir? A partir destas perguntas, nosso olhar deve voltar-se para a organização de procedimentos em sala que, de certa forma, garantam a aprendizagem do aluno.

No ensino de geografia, comumente nos deparamos com situações em sala de aula que colocam em xeque aquilo que antes encarávamos como essencial na aprendizagem. Pelo fato de a geografia tratar de grandes conceitos, como território, espaço, paisagem, entre outros, o professor pode perder a dimensão do ato de ensinar e, como consequência, orientar a avaliação dos conteúdos de forma desarticulada.

É recorrente, por exemplo, ouvirmos reclamações a respeito dos alunos que acabaram de ingressar no Ensino Fundamental II ou mesmo médio sobre algumas situações de avaliação. Questões que antes eram vistas como básicas, como os exercícios relacionados à orientação, localização, lateralidade, leitura de mapa, são comumente alvo de reclamações por parte dos professores que observam em atividades que os alunos não sabem ou que possuem muita dificuldade em realizar.

Em qualquer caso, lançar mão de uma avaliação, no sentido de identificar as reais dificuldades e de obter informações necessárias sobre os conceitos que já possuem e o uso que fazem deles pode ser muito útil para que o professor reoriente seu planejamento e tenha um real acompanhamento. Mas como avaliar?

Na teoria, a avaliação nos distancia do objeto, tornando-nos sujeitos exteriores e alheios às relações existentes entre sujeito e objeto, sendo dessa forma capazes de realizar um julgamento.

Sabemos, no entanto, que a separação entre sujeito e objeto é praticamente nula, principalmente se considerarmos situações de ensino e aprendizagem. Muitas vezes, a aprendizagem é motivada por esta aproximação entre o que se ensina e para quem se ensina. Se na teoria o professor entende que não há separação, na prática, ele deve separar o que é do que deveria ser, o real e o ideal, a partir de um valor por ele estabelecido.

A avaliação, desta forma, torna-se-á uma relação tal como afirma Hadji (1998, p.30) entre o que existe e o que era esperado, entre um dado comportamento e um comportamento alvo, entre uma realidade e um modelo ideal. Esta relação é estabelecida entre o avaliador e o sujeito por ele avaliado, entre professor e aluno e, a partir dela, conseguimos verificar a intenção do avaliador e reorganizar suas ações, se, por exemplo, ela permite encarar o aluno como um sujeito que é capaz de transformar seu mundo, ou se o resultado apresenta os conflitos na relação professor e aluno ou ainda se permite ao professor obter novos dados sobre os alunos.

A seguir, apresentamos um quadro proposto por Schoumaker (1990, p. 234) que oferece subsídios para o professor pensar no tipo de avaliação que deseja realizar em seu próprio planejamento.

História-Geografia
Folha de avaliação segundo os objetivos de referência

Nome: _____
Apelido: _____
Ano: _____

TRABALHOS Trimestre: _____								
11. Orientar-se no espaço								
12. Especializar o modo de representação no espaço								
13. Localizar os conjuntos H/G								
14. Datar								
15. Definir categorias de tempos								
211. Identificar a natureza								
212. Situar um documento								
213. Descrever um documento								
214. Explicar um documento								
215. Criticar um documento								
22. Explorar vários documentos								
23. Elaborar um documento								
31. Descrever e caracterizar								
321. Estabelecer e justificar relações								
322/323. Colocar relações em evidência								
324. Decompor mecanismos e sistemas								
325. Comparar								
33. Utilizar noções e conceitos								
41. EXPRIMIR-SE POR ESCRITO:								
411. ortografia								
412. frases corretas								
413. vocabulário								
42. EXPRIMIR-SE ORALMENTE								
43. Utilizar corretamente os recursos matemáticos								
44. TRATAR UM TEMA:								
441. delimitar								
442. restituir								
443. mobilizar								
444. organizar								
45. Documentar-se								
46. Tomar notas								
47. Aplicar instruções								
48. Apresentar um trabalho cuidado								
NOTAS								

Nesta tabela, há critérios que o professor julgou serem essenciais em detrimento de outros que também poderiam estar presentes. Essa escolha dos critérios nada mais é que identificar os pré-requisitos necessários para a assimilação de um conceito, no caso, o de espaço. Mesmo presentes em uma tabela, os critérios não amarram a conduta do professor em sala; ao contrário, dão-lhe uma maior visibilidade dos problemas encontrados e permitem reorientar seus objetivos ou mesmo reorientar a pergunta que foi feita ao aluno.

No dia-a-dia, o professor pode se certificar se os conhecimentos, destrezas (capacidade: mental ou técnica) e habilidades foram apreendidos. Pode averiguar se o aluno consegue, por exemplo, ler e entender o que leu, se consegue transmitir o conhecimento recém-adquirido, se estabelece relações com outros conhecimentos, se consegue realizar essas operações tanto por meio de esquemas mentais quanto, fundamentalmente, na forma escrita.

No caso da Geografia, grande parte da verificação pode estar associada à aprendizagem das noções de cartografia, como o desenvolvimento das habilidades, por exemplo, de lateralidade, proporção, escala, noções essas que estão ligadas aos conceitos e ao raciocínio geográfico.

Para o caso da avaliação escrita, ou seja, para um momento reservado à análise pelo professor dos conhecimentos adquiridos pelos alunos, esta pode ocorrer de três formas principais:

1. Dissertação;
2. Conjunto de perguntas e respostas com múltiplas alternativas;
3. Solução de problemas.

Nessas três formas, os alunos devem ser capazes de realizar operações mentais indo muito além da memorização dos conteúdos. Na primeira, por exemplo, a partir de um tema, o aluno escreverá uma redação. Essa proposta tem a finalidade de avaliar a construção de argumentos científicos pelos alunos por meio da apresentação de conteúdos que foram aprendidos. Na segunda, o aluno recorrerá ao conteúdo de uma forma que expresse o que aprendeu na forma escrita. Já na terceira, por meio de uma situação apresentada ao aluno (que pode ser uma pergunta ou um contexto como um fragmento de jornal, texto científico etc.), ele deve argumentar com a informação adquirida. Independentemente de o professor adotar uma ou outra forma, é importante que as informações e os conteúdos sejam apresentados de uma forma contextualizada e que permita a sua interação com o que foi pedido, mesmo em se tratando das questões de perguntas e respostas com alternativas.

Questões do tipo: O que acha do sistema capitalista?, Qual a sua opinião sobre os transgênicos?, ou O que você acha sobre a transposição do rio São Francisco?, dão abertura a exposição das ideias pelos alunos. No entanto, voltam-se contra ele e o professor na medida em que são abertas e não deixam claro o que de fato é importante que o aluno saiba sobre os conceitos a essas questões ligadas, tais como: desenvolvimento, subdesenvolvimento, meio ambiente, entre outros. A avaliação é, neste caso, inviável.

Por outro lado, questões nas quais o aluno tem que limitar-se à definição, como O que é desenvolvimento?, Quais os principais rios presentes na Europa?, não permitem a utilização do conteúdo pelos alunos e, portanto, a aplicação dele em diferentes situações fora do contexto da sala de aula e também a transformação do espaço onde ele vive.

Isso significa que se deve ter muito cuidado com a elaboração das perguntas que podem conduzir o aluno a uma situação em que fique perplexo ou sem saber exatamente o que se espera dele na questão ou com perguntas simplistas que reduzem sua capacidade argumentativa, assim, como: "Escreva sobre a influência do capitalismo na sociedade atual", "O que você acha de tal situação apresentada nesta charge?", "Você concorda com o autor? Explique."

Se o professor optar por perguntas, poderá realizá-las das seguintes maneiras:

a) apresentação de uma situação, com sua ampla descrição, contextualizando o problema ao aluno. Neste tipo de avaliação, a pergunta exige do aluno uma resposta direta do que lhe foi questionado. Para isso, o aluno deve usar habilidades de conhecimento e mesmo técnicas aprendidas (mentais e técnicas). Forma indireta.
b) apresentação de uma situação que se constitui como um problema em diferentes etapas para serem resolvidas pelo aluno. Em cada etapa, o aluno depara-se com níveis diferenciados de complexidade. Forma direta.

Essas perguntas podem estar associadas à aprendizagem de um fato ou à recordação e compreensão de conhecimentos que levem à aprendizagem conceitual.

Para que o aluno perceba o que deve realizar, é importante que o professor divida-as em etapas e que as contextualize (apresentar um pequeno texto que permita ao aluno introduzir-se no tema que será pedido).

A seguir, apresentamos alguns exemplos de avaliações e comentamos cada uma articulando com as operações mentais que se espera do aluno.

Exemplos de avaliação

Sexto ano

1. Imagine que você recebeu dois convites para ir a uma festa na casa de uma pessoa que não conhece muito. Observe os dois tipos de convite e responda:

a) Marque com um X qual dos dois ficaria mais fácil chegar ao local da festa.
Gabriela, minha festa será às 21h30min lá na Rua Leôncio de Carvalho, nº 84, apto.31. Conto com sua presença!

CAPÍTULO 8   Um Pequeno Comentário Sobre a Avaliação da Aprendizagem

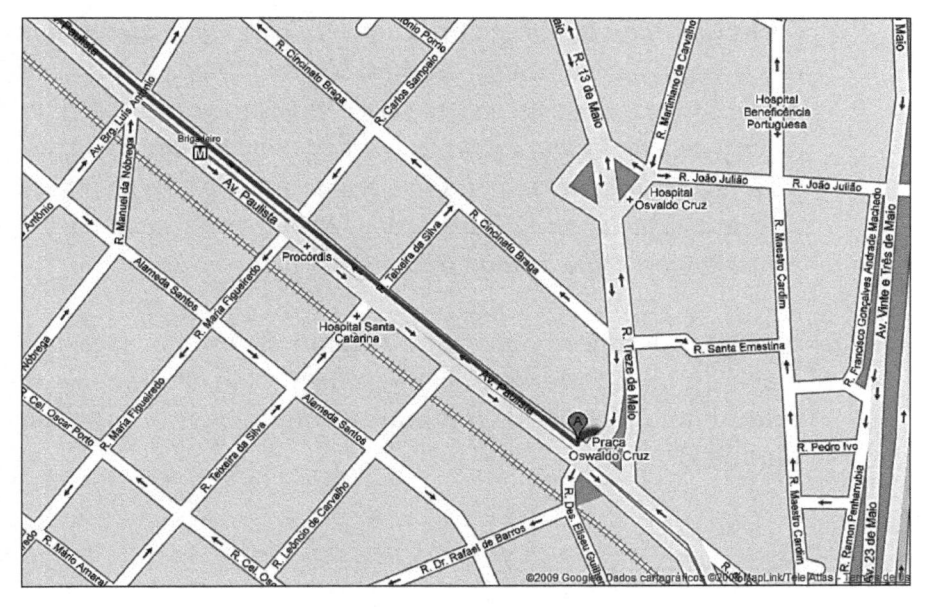

Foto do lugar, vista da av. Paulista. Imagem extraída de Maplink/Google Maps, 2009.

b) De acordo com o que você aprendeu, justifique sua escolha.

2. O texto abaixo é o relato de um dos lugares que o viajante veneziano Marco Polo visitou. Leia-o atentamente:

"Ao sair da cidade de Gioguy, cavalgando durante dez dias, encontra-se o reino de Tajarefu.

No começo desta província, está a cidade de Tinafum, centro de comércio, arte e indústria.

É daqui que sai o material bélico para o exército do Gran-Kahn. É aqui, também, que se fabrica o vinho encontrado em todas as outras províncias, porque no Cathay não se faz vinho a não ser nesta cidade. Tece-se muita seda, pois o bicho da seda é criado intensivamente, visto encontrar-se nesta região a maior quantidade de amoreiras do país. Saindo-se desta cidade de Tinafum, viaja-se a cavalo, durante sete dias, sempre para o oeste, atravessando bonitas regiões, onde se encontram diversas aldeias com muitas lojas, possuidoras de várias mercadorias e objetos de arte. Ao cabo desses sete dias de cavalgada, chega-se à cidade de Pianfu, onde há muitos comerciantes e se fabrica muita seda e outros panos artísticos...".

a) A partir das informações que o texto apresenta, faça um mapa do local tratado atrás da folha 1. Não se esqueça de colocar todos os itens importantes que devem existir em um mapa!

3. Procurando um tesouro.

No ano de 1925 o capitão Flick saiu de Los Angeles em busca de uma embarcação que havia naufragado no século XVIII. Essa embarcação sempre foi muito cobiçada pelos marinheiros americanos e historiadores pois, além de ouro suficiente para abastecer o mundo durante dois séculos, possuía, para a época em que foi construída, modernos equipamentos. Flick e sua equipe, composta por 20 marinheiros bem experientes, saíram com apenas uma informação:

A embarcação naufragou aproximadamente entre 25° S e 45° L.

Responda as seguintes questões:

a) Onde provavelmente o tesouro encontrava-se? Indique-o no mapa.
b) Qual (ou quais) continente(s) fica(m) próximo(s) do local onde a embarcação naufragou? Não se esqueça de dar as orientações geográficas.

CAPÍTULO 8   Um Pequeno Comentário Sobre a Avaliação da Aprendizagem

c) Indique o percurso que o capitão Flick deve ter feito para chegar a este local ao sair de Los Angeles.
d) Indique também por quais oceanos, continentes e zonas climáticas ele passou.

4. Observando imagens com paisagens litorâneas e, em seguida, imagens rurais, quais hipóteses você tem para esses lugares serem dessa forma?

FOTOS: MARIA HELENA DAS NEVES PEREIRA

Explique, utilizando argumentos científicos que aprendemos em sala, o que deve ter acontecido em cada lugar.

5. Na cidade de Itu há um parque chamado "Parque do Varvito" onde podemos aprender mais sobre as rochas. Neste local, é possível verificarmos a existência de fósseis marinhos na rocha.

a) Qual é o tipo de rocha, pelas características aqui apresentadas, de que o Varvito faz parte?

b) Faça um desenho apresentando uma sucessão de acontecimentos que devem ter dado origem a esta rocha. No desenho, não esqueça de nomear as rochas e os processos que as originaram.
c) A partir desta rocha, faça um desenho do ciclo das rochas e indique como cada uma é formada.

Nono ano

1. Em uma das aulas, assistimos ao filme *"Nós que aqui estamos por vós esperamos"* e pudemos perceber como em tão pouco tempo o mundo se transformou, modernizou sua tecnologia, embora não tenha solucionado alguns problemas sociais como o desemprego, as fronteiras nacionais (exemplificado em sala pela pesquisa que fizeram sobre o povo curdo), o lucro concentrado em empresas...
Elabore uma redação que contemple o que foi afirmado acima e outros pontos vistos em sala de aula.
Para facilitar a construção de sua redação, coloque todas as palavras que se relacionam. Exemplo: sociedade agrícola-tecnologia- globalização-pontos positivos-pontos negativos...
Dessa maneira, será mais fácil construir sua ideia e saber aonde você quer chegar com ela. Facilitará também a clareza de informações ao leitor e terá uma certa garantia de que a professora ficará de bom humor na correção!!!!
Observação: o exemplo dado é, como ele mesmo indica, apenas um exemplo!

2. Em 8/3/2000 a revista Veja publicou os seguintes dados sobre as mudanças que ocorreram na Volkswagen do Brasil. Explique, a partir dos dados apresentados na tabela abaixo, as razões dessas mudanças.

CAPÍTULO 8   Um Pequeno Comentário Sobre a Avaliação da Aprendizagem

1970		2000
1	número de empresas	5
23.000	número de funcionários	28.500
233.000	produção anual	420.000
47,5 horas	jornada de trabalho semanal	36 horas
170 dólares	salário médio	900 dólares
15 carros	produtividade anual por operário	38 carros
70 segundos	tempo para soldar um teto	40 segundos
55 horas	tempo para montar um carro	25 horas

3. A Organização Internacional do Trabalho (OIT) publicou no ano de 2004 a informação de que o número de pessoas sem emprego no mundo (em 2003) era equivalente a 6,2% da População Economicamente Ativa.

   Vimos em sala dados específicos deste problema em alguns países europeus, como a Alemanha, no qual, segundo a Agência Federal do Trabalho de Nuremberg (AFT) registrou, só neste país, há 4,6 milhões de pessoas sem ocupação no ano de 2005.

   Apresente as possíveis causas relacionadas a este fato. Ao expor as causas, explique-as.

4. Em maio de 2005 a revista eletrônica Automotive Business (http://www.automotivebusiness.com.br/home.htm) publicou a seguinte matéria:

   "Fiat e GM ainda avaliam parceria"
   "Nos próximos dias as direções da Fiat e da GM no Brasil devem concluir negociações em torno das eventuais oportunidades para manter as compras de autopeças em conjunto. A informação é do

presidente da Fiat do Brasil, Cledorvino Belini. A Fiat continua comprando da GM os motores 1.8, colocados em modelos da linha Palio, Stilo e que em breve também irão para a minivan Idea. Não está ainda confirmado eventual interesse da GM em comprar os motores 1.0 produzidos pela Fiat no país. O Brasil sempre destacou-se pelo sucesso da aliança GM-Fiat, desfeita no mundo em 13 de fevereiro. As compras de componentes que ambas fizeram em parceria em 2004 somaram quase US$ 5 bilhões, ou 31% do faturamento de todo o setor de autopeças no país".

Trabalhamos sobre este assunto em sala de aula e vimos também outros exemplos, como a produção dos cremes Nívea (alemão) na Itália e na França.

Justifique a atuação destas empresas e aponte as consequências que essa atuação trará para o Brasil.

5. Nos dois primeiros meses de aula, trabalhamos com a questão das fronteiras. Utilizamos, para isso, algumas partes do livro "Fronteiras e Nações" (André Roberto Martin). Nele, o autor esclarece os diferentes usos que esse termo teve nos Impérios da Antiguidade, Romano, Inca, na Idade Média, no Império Chinês e na Modernidade.

Relacione, em um texto, o uso que este termo teve ao longo da história com a organização do espaço geográfico e os problemas ligados à questão das fronteiras (exemplos: grupos sociais como os punks, rap, formação de cartéis, holding...).

Nos exemplos que foram aqui apresentados, podemos perceber as diferentes possibilidades que o professor tem de verificar o tipo de conhecimento que foi ou não apreendido pelo aluno.

Neste sentido, a forma que o professor escolherá de como essa pergunta será feita (se pela apresentação de uma situação problema, se de uma forma mais direta) deve ser coerente com a maneira que conduz a sua aula e com a concepção que tenha de ensino e aprendizagem.

As propostas para o sexto ano, por exemplo, têm como objetivo que o aluno analise uma situação da realidade, seja por meio da observação de uma imagem, um mapa, seja utilizando um texto.

O aluno, nesta atividade, é incentivado a expor por meio de desenhos ou na forma escrita a sua aprendizagem conceitual. Já nas atividades apresentadas como propostas para o nono ano há uma maior exigência da capacidade de argumentação do aluno, o que não exclui, de nenhuma maneira, a possibilidade de realizar outras atividades, como as que foram apresentadas para o sexto ano.

É necessário, portanto, refletirmos sobre o tipo de avaliação que temos desenvolvido em nossos alunos e nos instrumentos que utilizamos como análise para, assim, o aluno ser capaz de articular o saber e o fazer, e propor assim meios para que as dificuldades constatadas no processo de ensino e aprendizagem sejam frequentemente debatidas. Dessa maneira, poderemos compreender melhor o que é uma avaliação continuada e processual voltada de fato para a aprendizagem e não, simplesmente, para resultados classificatórios.

Bibliografia

COLL, Cesar. *Psicologia e currículo:* uma aproximação psicopedagógica à elaboração do currículo escolar. São Paulo: Editora Ática,1996.

HADJI, Charles. *A avaliação, as regras do jogo:* das intenções aos instrumentos. Coleção Ciências da Educação. 4. ed. Porto: Porto Editora, 1994.

LUCKESI, C. *Avaliação de aprendizagem escolar.* São Paulo: Ed. Cortez, 1997.

MERENNE-SCHOUMAKER, Bernardette. *Didáctica da Geografia.* Coleção Horizontes da didáctica. Porto: Edições ASA, 1999.

RONCA, P. A C.; TERZI, C. A. *A prova operatória:* contribuições da Psicologia do Desenvolvimento, 9. ed. São Paulo, 1994.

ZABALA, A. *A prática educativa:* como ensinar. ArtMed, 1998.